自卑者之书

［奥］阿德勒◎著

晓佳◎译

中国华侨出版社
北京

图书在版编目（CIP）数据

自卑者之书 /（奥）阿德勒著；晓佳译 .—北京：中国华侨出版社，2021.2

ISBN 978-7-5113-8004-3

Ⅰ . ①自… Ⅱ . ①阿… ②晓… Ⅲ . ①个性心理学—通俗读物 Ⅳ . ① B848-49

中国版本图书馆 CIP 数据核字（2019）第 189286 号

自卑者之书

著　　者：	（奥）阿德勒
译　　者：	晓　佳
责任编辑：	刘晓燕
经　　销：	新华书店
开　　本：	670 毫米 ×960 毫米　1/16 开　印张：15　字数：186 千字
印　　刷：	河北省三河市天润建兴印务有限公司
版　　次：	2021 年 2 月第 1 版
印　　次：	2024 年 2 月第 2 次印刷
书　　号：	ISBN 978-7-5113-8004-3
定　　价：	42.00 元

中国华侨出版社　北京市朝阳区西坝河东里 77 号楼底商 5 号　邮编：100028
发 行 部：（010）64443051　　　传　　真：（010）64439708
网　　址：http://www.oveaschin.com　　E-mail：oveaschin@sina.com

如果发现印装质量问题影响阅读，请与印刷厂联系调换。

写在前面

阿德勒生平

说到心理学大师，人们可能最先想到的是西格蒙德·弗洛伊德（Sigmund Freud）。的确，弗洛伊德在心理学中举足轻重。但另一位心理学大师——阿德勒，同样也不能忽视。同为奥地利人的阿尔弗雷德·阿德勒（Alfred Adler），是一位与弗洛伊德齐名的精神心理学大师。

阿尔弗雷德·阿德勒（1870年2月7日—1937年5月28日），奥地利著名心理学家、精神病学家。他是人本主义心理学的先驱，是个体心理学的奠基人，曾追随弗洛伊德研究神经学，也是精神分析学派中第一个对弗洛伊德心理学体系提出质疑的心理学家。

1870年，阿德勒出生于维也纳，他的父亲是一位犹太富商。在家里六个孩子中，阿德勒排行老三，他的哥哥西格蒙德（Sigmund）是位典型的优等生，而阿德勒一出生就有驼背的缺陷，这使他非常自卑。

三岁时，睡在身旁的弟弟不知道什么原因去世；五岁时，得了一场肺炎，险些丧命；青少年时期，经历过两次被车撞的事故，每次都十分凶险……这一系列奇奇怪怪的事情使阿德勒十分畏惧死亡。后世的研究者们发现，他的许多心理学观点都能从他的童年记忆中找到一些蛛丝马迹。

他读书的时候成绩平平，数学成绩特别差。在本书中也会提及，他在父亲的支持和鼓励下，最终成为班上数学成绩最好的学生。

1895年，阿德勒在维也纳大学取得了医学博士学位。但是，最初他并没有选择精神病学研究，而是成为一名眼科医师。由于小时候的遭遇，他对身体器官缺陷引发的自卑非常感兴趣。不过，阿德勒并不悲观，他认为"祸兮福相依"，身体上的残疾可能会变成孩子奋发向上的原动力。

1896年的4月到9月，毕业后的阿德勒在奥匈帝国军队的一所医院服役。

1897年，他又回到维也纳大学深造，同时邂逅了俄罗斯帝国女留学生罗莎（Raissa Timofeivna Epstein），二人坠入爱河，并结成伉俪。

与弗洛伊德的互相欣赏和决裂

1899年至1900年，阿德勒与弗洛伊德居住在同一座城市，风云际会之下，二人相识。阿德勒熟悉并认同弗洛伊德的代表作《梦的解析》，他认为这本书对剖析人性做出了巨大的贡献。他曾在维也纳最著名的杂志上发表了一篇分析弗洛伊德观点的文章。弗洛伊德读到后，亲自给阿德勒写了一封信，邀请他参加自己主持的研讨会。后世便有人因此认为阿德勒是弗洛伊德的学生，其实这是道听途说。

真相是，二人在心理学历史上的地位几乎平等。而且到后来，二人分持几乎完全不同的学术观点。

阿德勒在1902年加入了弗洛伊德的学术组织——弗洛伊德周三讨论会，是当时精神分析学派的核心成员之一。在这一段时间内，阿德勒受到了弗洛伊德的赞扬，弗洛伊德还推荐阿德勒接替自己成为维也纳精神分析学会主席和《心理分析杂志》的编辑。

1907年，阿德勒发表了一篇关于身体缺陷所造成的自卑感及其补偿办法的论文，这篇论文观点独到，令他一举成名。

事实上，阿德勒的学说以"自卑感"与"创造性自我"为中心，强调"社会意识"。主要概念有创造性自我、生活方式、追求优越、超越自卑感、补偿及社会兴趣。他继承和发扬了弗洛伊德的精神分析理念，但基本观点与之大相径庭。

弗洛伊德认为阿德勒的观点对泛性论有很大的贡献，但认为它并不涉及本我和超我的部分，所谓的"补偿效应"只是自我的一种功能。当时，阿德勒的观点还没有形成一个独立的体系，当他主张以"补偿效应"为中心思想时，弗洛伊德也同意他的观点。

但当阿德勒的理论逐渐形成体系，提出"社会兴趣"的观点后，弗洛伊德开始旗帜鲜明地反对，他在自己主持的期刊文章中要求审查阿德勒的文章，二人势同水火。弗洛伊德甚至给《精神分析杂志》的出版商写信，要求他们把阿德勒的名字从杂志的封底上去掉！

维也纳精神分析学会在弗洛伊德的压力下，也开始打压阿德勒。后来，阿德勒公开反对弗洛伊德的泛性论，这一行为更使得两人关系彻底破裂。自此，阿德勒创立个体心理学（Individual Psychology），另建自由精神分析研究会，并将其逐渐发展为一个颇有影响力的心理学派。

成就与贡献

第一次世界大战期间，阿德勒在奥匈帝国的军队里担任心理医生。后来，他在维也纳教育学院担任儿童辅导员。在此期间，他发现个体心理学的观点不仅适用于家庭，也适用于学校。

1926年，功成名就的阿德勒抵达美国，受到热烈欢迎。1934年，阿德勒正式定居美国。

1937年，阿德勒去欧洲讲学。由于过度劳累，他在苏格兰亚伯丁的街头因心脏病发作而病逝。

阿德勒一生成绩斐然，著作很多。本书完成于1932年，是他职业生涯的巅峰之作，阐述了阿德勒的主要心理学思想。作者从个体心理学的观点出发，用通俗生动的语言，分析人们在童年时期的自卑与追求优越的心理，从梦境、家庭、教育、社交、工作、婚姻等多个角度，用大量的案例和浅显的语言阐明了人生的真谛，以帮助人们解开自卑情结、正确认识自己、正确对待职业与他人，构筑起强大的内心，以更好地融入社会生活，收获更为美好的人生。

可以说，对所有人而言，本书都是一部不可错过的经典心理学读物。

由于年代久远，译者对其中一些观点加上了少许现代化的阐述，使其更加通俗易懂。由于译者水平有限，书中难免有遗漏之处，希望读者不吝予以指正。

目录

第一章	生命的意义	001
第二章	心灵与肉体	020
第三章	自卑感与优越感	038
第四章	最初记忆	057
第五章	梦境的解析	077
第六章	家庭的影响	100
第七章	学校的影响	129
第八章	青春期的引导	150
第九章	犯罪及其预防	162
第十章	职业问题	195
第十一章	个体与社会	205
第十二章	爱情与婚姻	214

第一章　生命的意义

生命的意义是什么呢？是让人们对生命产生正确的认识，让它焕发出应有的光彩，并通过自身的践行和努力，为世界做出应有的贡献。生命的意义来源于人类的赋予。当我们试图赋予生命某种意义时，可能会犯一些错误。当这些错误出现的时候，正确的做法应该是努力解决这些问题，而不是推卸责任或自怨自艾，也不该用浮夸的言行，或口出恶言来博取别人的同情和关注，更不该一蹶不振或自暴自弃。

生命本是虚无的，人类的一生就是一个不断寻找"人生意义"的过程。我们生活中的经历，绝不是简单的偶然事件。如果把生命比作一棵参天大树，每一个枝杈都是曾经的过往，它们或者代表一人一物，或者代表一花一树。即便是生活中最司空见惯的东西，人类也会赋予它们特殊的意义，让人可以从人的角度来甄别、看待、认识它们。

举例来说，"木头"的本意是"与人类生活有关系的木头"；"石头"指的是"人类日常生活中经常接触到的元素之一"。如果一个人想要摆脱"意义"的范畴，使自己仅生活在一个单纯的环境中，那他一定非常不幸：他不能与周围的任何人进行交流，他的行为对其他人也不会产生任何作用。换句话说，脱离了环境，他的任何行为都没有意义。

所以，我们总习惯用自己赋予现实世界的意义去感受现实世界，即便我们感受到的早已不是现实世界本身，而是我们赋予了特定意义的现实世界。或者说，我们对世界的感知，实际上是生命个体对现实世界的个人诠释。因此，我们有理由认为，个人所认定的生命意义是不完整的，甚至可能是错误的，因为"意义"本身有可能就是一个充满谬误的主观性词语。

假如我们随便问一个人："生命的意义是什么？"他极有可能无言以对，或者搪塞过去。通常，人们不愿意让这个看上去没有实际意义的问题来困扰自己，所以有时也许会用一些千篇一律的理论来搪塞；更有甚者，固执地认为这个问题毫无意义。然而，每个人都不能否认的一点是，这个问题已经存在了很长时间，并且充斥了人类整个漫长的历史。一直到今天，这个问题依然存在。时至今日，不仅是年轻人，就算是一些上了年纪的老人也经常会困惑地问："我们为什么要活着？生命的意义到底是什么？"

但这个疑问并非每时每刻都萦绕在人们的心头。研究结果表明，通常人们只在面对失败和挫折的时候，才会有关于"生存意义"之类的问题发问。如果一个人的生活没有任何起伏，也不曾出现任何困难或障碍，那此类疑问将不会成为一个问题，也不会被人们所注意。

简言之，人类将通过自己的行为来诠释生命的意义，并通过自己的行为来表达对"生命意义"的认识。如只观察一个人的行为而不去理会他的言论，就会发现：他行卧坐走的姿势，待人处事的态度、日常生活的动作，面部器官的表情，礼貌修养，人生理想，个人习惯，性格特征等，都能反映出他自己对"生命意义"的独特理解。这使我们相信，他似乎对自己所信奉的某种生命意义的解释有着强烈的信仰，一举一动都暗示着他对世界和自己的看法。他似乎在用行为向世界宣告："我就是这样一个人，世界就是这个样子。"这是他为自己的生命所赋予的意义。

对于生命的意义，相信每个人都有着自己独特的理解。正因如此，生命的意义难用数据或者言语去表达。令人惊异的是，我们发现了这样一个现象：虽然每个人都认为自己所坚持的生命的意义是正确的，即便每个人的自我认识中都可能包含着或多或少的错误因素，也没有人能够完全认识到生命的绝对意义。与此同时，不管是哪一种生命意义，只要有人秉持，就绝不会是一种完全错误的世界观，总有它存在的理由。几乎所有生命的意义，都在这两种现象之间不断变化。但这些变化——或者说不同的人为自己的生命赋予的意义有着天壤之别：有些意义是美好的，有些意义却是可怕的；有些意义符合大众价值观的部分较多，另外一些则与大众价值观相背离。

我们还能发现，正面的生命意义有一些共同的特征，而较为消极的生命意义通常缺乏这些特征。通过对比总结，可以得到一个相对"科学"的生命意义的概念，这基于人类对"真实"生命意义的共同认知。这种"真实"，与人类生活息息相关。必须牢记，这种"真实"意味着只对人类真实，或只对人类的目标和计划"真实"。如果还有其他"真实"意义的存在，那与人类无关。如果我们不了解这个"真实"到底对人类来说意味着什么，那么这个"真实"便没有意义。

每个人的一生中都必须面对三个重要的现实问题，这也是每个人时刻都需要思考的问题。这三个现实问题时刻约束着我们，人们所面临的所有问题和境遇都是由这些现实造成的。这些现实无时无处不在纠缠着人类，使我们不得不对它们制造的问题及时作出回应。一个人对这些问题所交出的答卷，可以反映出他对生命意义的理解。

第一个人类不得不面对的现实是：我们生活在地球这个贫瘠星球的表面上，目前暂时没有办法离开它随心所欲地生活。换句话说，我们无法逃脱自己生活的星球，必须被现实的环境所束缚。我们繁衍、生存、生活所需的所有资源都来自地球，由地球提供。在这个前提下，我们必须保证自己身体和思想的健康发展，因为只有这样，才能保证人类在未来能够继续繁衍生息。每个人都不得不交出自己的答卷，无人例外。无论生活中我们做出什么举动，我们的行为都是自己对人类生存意义的答复。这些行为显示了在我们心目中，哪些事情是更必要、更适当、更可能和更有价值的。而人类做出的所有答案，统统都会受到"我们是人类"和"我们生活在地球上"这一事实的制约。

如果考虑到人体的脆弱性和人类所生活环境的不安全性，我们必须尽早确定自己的答案，以便使这些答案与全人类的利益保持一致。这是为了我们自己的生存，也是为了全人类的福祉。这种努力，就如同我们面临一道难解的数学题时只有竭尽全力才能找到答案。我们不能心存侥幸，不能盲目揣测，必须从不同方面和不同角度，用不同的方法寻找答案。与数学题不同的是，我们或许并不能最终找到绝对完美的、永恒的"生命意义"的答案，但必须竭尽我们所有的才华，才能接近我们要探寻的目的。我们必须不断地努力，让答案尽量完美，以便正确面对"我们被束缚在地球这个正变得越来越贫瘠星球的表面上"与"地球环境为我们带来的灾难与馈赠并存"的现实。

第二个人类不得不面对的现实是：人类并不是独自生存在这个星球之上。我们每个人都不是人类的唯一个体，我们周围还生活着其他人。只要我们活着，就一定会和他们产生联系，这是人类生存繁衍的先决条件。众所周知，一个人单独生活往往会非常脆弱，也会处处受制。大多数情况下，一个人不可能单独完成他或她生存的任务。独自生活的一个人，极其脆弱，孤木难支，如果只想凭借自己的力量去面对生存中的所有问题，他只能等待失败和死亡的到来。人类个体并不能保住自己的生命，同时，单个人类不能生儿育女，无法繁衍后代，人类的生命也就不能延续下去。所以，为了生存，为了自己的幸福，也为了整个人类的未来，一个人所能采取的最稳妥的选择就是与他人联系，合作生存。因此，回答任何有关生命意义的问题时，都必须考虑到这一点。必须认识到，我们生活在与他人的联系当中，如果选择孤立自己，就会走上自我毁灭的道路，这是一个不争的事实。人类最大的愿望是通过与居住的星球上的同胞的合作，来延续我们的生命和人类的命脉。如果我们想生存，思想和行为必须与之协调一致。

同时，人类的生活还会受到第三种现实的约束：人类有且只有男女两种性别，个人和集体的生存必须依赖于这个现实。由于这一现实，人类社会出现了爱情和婚姻这两种关系，这是每个男人或女人都无法回避的。人类在面对这一现实所做的一切，都表明这是一种对生活的解决方案。虽然人们可以用很多不同的方式来解决这一现实造成的问题，但是他们的行为足以显示出他们选择的最佳解决问题方式。

上面描述的三种现实也为人类社会生活提出了三个难题：如何找到一份职业，使我们能够在地球的天然限制下存活？如何在芸芸众生中获得一个自己专属的地位，这样我们可以同其他人合作并共享合作的利益？如何调整自身的各种条件和事实，以适应"世界上有两种性别的人类"以及"在爱情前提下，为人类生存和延续而繁衍自己的后代"？事实上，这三个问题如同三个关口——职业、社会和性，每个活着的人都不得不去努力面对。

个体心理学（Individual Psychology）的研究结果表明，对于个体来说，几乎生活中遇到的每一个难题都可以归结到职业、社会和性三大问题中。每个人对这三个问题所做出的解答，清楚地显示了他对最深层方面生命意义的感受。例如，如果有一个人，他的爱情生活不完美，他的事业也没有任何建树，我们就可以断定他的朋友一定很少，因为在他看来，与其他人类接触是一件非常痛苦的事情。那么，从他在生活中所遭遇的限制和挫折来看，我们可以得出这样的结论：他肯定会觉得"活下去"是一件艰难而危险的事情。对于他而言，生活给他的机会太少，挫折却又太多。他的交友圈子一定非常狭窄，这与他对生命意义的判断有很大关系：他认为生命的意义在于保护自己不受伤害，所以他倾向于封闭自己，避免与他人接触。另外，如果有一个人的爱情生活是非常甜蜜以及和谐的，且他在自己的职业生涯中取得了相当大的成功。那么我们就可以断言，他会有很多朋友，跟社会各方面都有广泛的接触，并取得了很高的社会地位。因此，这样的人一定觉得人生是一个积极进取的创造性过程，生活中遍地都是机遇，即使偶尔遇到一些困难，只要稍微努力就能克服。对他来说，生命的意义在于与他的同伴们携手合作，为人类的幸福做出自己应有的贡献。

从上面的例子中，我们可以总结出错误的"生命意义"以及正确的"生命意义"都具有哪些共同特征。所有的失败者——包括精神病患者、神经病患者、罪犯、酗酒者、问题少年、自杀者、吸毒者、妓女——他们在生活中之所以被称为失败者，是由于他们缺乏社会价值目标和归属感。当涉及职业、人际关系和性等问题时，他们不相信别人，通常采取自己孤军奋斗的方式解决。他们赋予生命的意义是一种"钻牛角尖"式的个人理解：他们认为没有人可以从集体合作实现目标的过程中获益，因此他们的人生意义只为了自己而存在。他们追求的目标是一种虚无缥缈的个人优越感，他们所追求的成功只对其个人有意义。举个例子来说，当一名凶手的手里拿着一瓶毒药时，他可能会有一种信心爆棚、掌握权力的快感。但是，这只能让他自己的信心膨胀起来，对于其他人来说，即便知道他拥有一瓶毒药，也并不能提高社会对其个人的评价。相反，他的个人评价会降低。事实上，自私的生命意义并非真正的人生价值，一个人只有和别人交流的时候，他的人生才有意义。只对某人有利的生命意义，并非人类普遍价值观所赞赏的意义。人们的目标和行动的意义，指的就是它们对社会上其他人意味着什么。实际上，每个人都在努力地让自己变得更重要，如果一些人能够意识到"人类的重要性取决于其对他人生活贡献的程度"，或许就不会走上错误的人生道路。

我听过一个小宗教团体领袖女先知的故事。一天，她召集教友，告诉他们世界末日将在下周三到来。信徒们震惊了，他们卖掉了所有的个人财产，抛弃了所有世俗的羁绊，焦虑地等待着世界末日的到来。结果，周三那天如约到来，却什么都没发生。第二天，教友们聚在一起质问这位女先知，"看看我们的困境吧！"他们愤怒地说，"我们放弃了生活中的一切，我们告诉我们遇到的每一个人，这世界即将在周三这天终结。当他们嘲笑我们时，我们满怀信心地辩驳，我们是从一位最权威、最可信的人那里听到这个消息的。现在，周三已经过去了，为什么世界末日还没有到来？"

"但是，"这位女先知说，"我所说的周三不是你们所认为的周三！"显然，女先知用她的个人意义来规避其他人对她的责难。因而，这种所谓"私人的人生意义"是经不起考验的。

所谓真正"生命意义"的标准是：它们是一个共同的意义。换句话说，它们必须是一个可以和其他人分享的意义，一个其他人能够认同的有效意义。一个人在生活中遇到的问题，如果能够有一种好的解决方案，那么这个解决方案必然能够解决别人遇到的类似问题。如果是这样，我们就认为这些成功的解决方案有一个共同的意义，可以共享给其他人。即使是伟人也只能用其对人类有至高无上的贡献来定义。因为只有在别人认为他为全人类做出了重要贡献时，这种人才能被称为伟人。由此，我们可以得出这样的结论：生命的意义在于为团队做出贡献。我们这里说的并不是职业贡献，不管个人从事的是什么职业，我们只关注个人对社会做出的成就。能够成功地解决人类生活问题的人，他的所作所为可以清楚地告诉我们，生命的意义在于关心他人，并积极地与他人合作。而这个人所做的每一件事似乎都是按照大众的价值观去做的，当他遇到困难时，他选择以一种不与他人利益冲突的方式去克服。

对许多人来说，这可能是一个崭新的观点。他们可能会想，我们赋予生命的意义，是否真的应该是奉献社会、关心他人和团队合作？他们可能会问："我们难道不该为自己做些什么？如果一个人总是为别人着想，总是为别人的利益而献身，他不会感到痛苦吗？如果一个人想要得到适当的发展，无论如何他应该替自己打算一下不是吗？难道我们不应该学着如何保护我们的利益，形成自己的个性吗？"这些问题，表面看上去似乎没什么问题，但实际上错得离谱，因为提出的这些问题都是无效的。如果一个人立志将"为别人做贡献"作为自己赋予自己生命意义的话，他的身心一定都会朝着这个目标前进，自然会把他的个性塑造成一种理想的形式——一种为他人和社会做出贡献的状态。他会根据自己的目标来调整自己，他会根据自己的社会感来训练自己，他会从实践中获得各种为社会服务的能力和技能。一旦他清楚了自己的目标，拥有依靠勤奋学习来实现目标的技能和能力，就成了顺理成章的事情。他会不断地充实自己，一一解决生命中的三大问题，自己的能力也会得到不断拓展。以爱情和婚姻为例，如果我们深爱着我们的伴侣，就会致力于丰富我们伴侣的生活，自然会尽我们最大的努力来展示我们的能力和才华。如果我们没有为伴侣奉献的目标，只是嘴上说说或者心里想想，那只是在装腔作势摆空架子，只会让自己和伴侣更不开心。

此外，还有一点可以证明奉献是生命的真正意义所在。我们可以审视一下我们的祖先为我们留下的宝贵遗产，我们看到了什么？我们的祖先留下的是他们对人类生活的贡献：我们可以看到祖先开发的土地，修筑的道路和搭建的建筑，给我们留下的传统文化、哲学思想、科学技术和艺术，以及处理人类问题的各种技巧……这都足以反映我们祖先共同生活经验的成果。这些成果都是为人类幸福做出贡献的祖先遗留给我们的。那些不以奉献为生命目标的人呢？那些不懂得合作和奉献的人呢？那些赋予生命另一种意义的人呢？只会问："我怎样才能过得更好？"这样的人，人死灯灭，不会留下任何痕迹。他们的整个生命是如此苍白，没有在人类历史长河中留下哪怕一点波澜。

世界上到处都有知道这个事实并秉持这一观点的人。他们深知生命的意义在于关心其他人，并与他人紧密合作，在于为这个世界做出自己的贡献。他们也在努力培养着对爱情和社会的兴趣。在一些宗教思想中，我们可以感到这种济世为怀的情愫。世界上所有伟大的革命或者运动，都是人们想让社会获得更大利益的结果，而宗教也是朝这个方向努力的力量之一。但是，宗教的真正本质经常被人们误解，除非宗教传播者们更直接地致力于这项工作，否则很难看到成效。鉴于目前的表现，在增加社会福利方面，宗教能起到的影响已经微乎其微了。自从科学极大地提高了人类对世界上同类的兴趣后，看起来它比宗教更接近实现"团结人类"这一目标——科技使人们能更好地理解生命的意义。尽管我们可能从不同的角度探讨这个问题，但目标是一致的——只为增加我们对他人和社会的兴趣，促进团队合作，为人类作出更大的贡献。

赋予生命的正确意义就如同我们人生和事业的守护神，而我们赋予生命的错误意义就像附着在我们身上的恶魔。所以，我们一定要理解这些意义是如何形成的，区分它们之间有什么不同。如果认识到我们的人生意义是错误的，要知道应该如何纠正它们，这是非常重要的，这些问题属于心理学的研究范畴。心理学不同于生理学或生物学的原因在于，它可以利用对"意义"本身的定义，以及"意义"对人类行为、人类未来的影响，以及"意义"对事物的理解来提升人类的幸福感。从出生的那一天起，每个人都在探索和追求"生命的意义"。甚至一个婴儿都会想办法找到一种方法来衡量他自己的价值。到五岁的时候，孩子已经形成了一种独特而固定的行为模式，这就是他今后生活和处理问题的方式。在这个时期，孩子们已经有了"对自己以及这个世界期待些什么"的朴素又执着的概念。后来，他用一种固定的价值观来观察周围的世界。在被孩子接受之前，这种价值观就已经在孩子们的脑海中诠释过，这种诠释的依据就是生命意义的所在。即使这种生命意义是完全错误的，即使这种处理问题和事情的方式会不断给自己带来不幸和痛苦，他们也不会轻易放弃。只有重新审视导致这种误解的情境，找出谬误所在，并找到正确的价值观，才能纠正这个孩子对生命意义理解的偏差。在少数情况下，个体会因为其错误行为导致的不良后果，而被迫改变自己的人生意义，并通过自己的努力成功地完成转变。但如果没有社会给予他的压力，他不可能自己发觉行为不当。如果没人指出他的谬误，他就会一意孤行，最终被逼到绝境，因为他根本不知道自己错了。现今社会，这种错误人生观、行事方式的改变过程，很大程度上是在一些训练有素、知识渊博的专家的帮助下完成的，这些专家可以帮助人们发现最初的错误，赋予生命更适当的意义。

人们的童年会遇到各种各样的环境。如果有人童年有不愉快的经历，其人生有可能被赋予完全相反的生命意义。对于那些心理承受力极强，漠视不愉快经历的人来说，童年经历对他们的生活态度几乎没有什么影响，获得的只有那些"吃一堑长一智"的经验。他或许会觉得："我必须努力改变这种糟糕的环境，确保我的孩子不会再经历同样不愉快的事情。"而心理承受能力弱的人则会这样认为："生活是如此不公平，别人总是占尽优势。当世界这样对待我的时候，我为什么要对别人友好？"一些父母这样告诉他们的孩子："当我还是个孩子的时候，遭受了很多痛苦，我最终熬了下来。你为什么不能忍受？"还有另一种人可能会这样为自己找借口："我的童年很糟糕，所以现在我做的每件事，不管多糟糕都应该被原谅。"这三种人对童年经历的理解，都会反映在今后的行为中。如果不改变这种理解，他们的行为模式就不会改变。在这里，个体心理学并不支持"决定论"。（译者注：哲学上所说的决定论，又称拉普拉斯信条，是一种认为自然界和人类社会普遍存在客观规律和因果联系的理论和学说）心理学中的决定论认为，人的一切活动，都是先前某种原因和几种原因导致的结果，人的行为可以根据先前的条件、经历来预测。非决定论则否认自然界和人类社会普遍存在着客观规律和必然的因果联系，认为事物的发展、变化是由不可预测的、事物内在的"自由意志"决定的。这是因为，经验不是成功或失败的最根本原因，人们通常不会被所遭受的打击所困扰，他们只是从中汲取可以影响他们决定的东西。我们的人生目标经常会被个人的经历所影响，当我们武断地决定把未来的人生意义建立在某一段特定的人生经验上时，很可能已经犯了大错误。生命的意义不是由生活环境或者经历决定的，但有时候会被生活环境或者个人经历所左右。

树立个人的生命意义时，童年的某些遭遇有时会导致非常严重的后果。在成年人中，大多数失败者都是在悲惨环境下长大的。在对这些人进行心理诊断的时候，我们首先要找出几类儿童：婴儿时期患病的，因为某些先天因素导致身体器官有缺陷的。这样的孩子背负着沉重的心灵负担，很难意识到生命的意义是奉献。除非亲近的人能把注意力从孩子的身上转移到别人身上，否则他们通常只关心自己的感受。长大以后，他们可能会与周围的人进行比较而产生自卑心理。尤其在现代社会，他们甚至会因为同龄人的怜悯、嘲笑而逃避，或者自卑感加深。这些情况可能使他们不愿意在社会中发挥有益作用，甚至会造成他们自认为被世界侮辱的错误感受。

我可能是第一个研究器官有缺陷和内分泌异常儿童所面临心理问题的人。现在，虽然这方面的课题研究已经取得了相当大的进展，但其发展方向并不是我想看到的。我一直想找到一种方法来解决这个问题，而不是去证明导致这些儿童日后人生失败的原因在于遗传或生理缺陷。器官缺陷并不能绝对地导致人们走上错误的人生道路。虽然我们找不到两个具有相同的内分泌腺体并完全作用于其身体的孩子来做实验，但是，我们经常能看到这样的现象：一些患有先天性疾病的孩子们克服了身体上的残疾，并最终成为对社会有用的人才。在这方面，个体心理学并不提倡优生学。有许多杰出的人对我们的世界做出了重大贡献，而且其中不少人的身体有缺陷，或健康状况不佳，有些人甚至英年早逝。在这种情况下，他们强忍病痛，顽强克服了身体的缺陷，为人类的进步做出了巨大的贡献。顽强的奋斗使他们更强大，努力的拼搏使他们不断前进。如果只看到他们的身体缺陷就宣判他们的人生"完蛋了"，那我们的社会将会蒙受巨大损失。我们无法根据肉体来判断一个人的思想是好是坏。但是，大量的事实证明，器官或内分泌有缺陷的儿童更容易走上错误的人生道路，因为他们的困难大多不被别人重视，所以他们中大多数人只对自己的人生感兴趣。因此，儿童时期患有器官缺陷的儿童更有可能成为人生中的"输家"。

其次，从小被父母宠坏的孩子也可能对生命的意义产生误解。娇生惯养的孩子，通常会认为自己是"上帝的宠儿"，认为"众星捧月"是神赐予他与生俱来的优待，希望别人优先考虑他的愿望。因此，当他进入一个不以他为中心的环境中（比如说从家庭步入社会——译者注）时，当其他人的首要目标不再是考虑他的感受时，他会觉得整个世界都背叛了他。这也难怪，他一直被错误的方法教育着，养成一种"唯我独尊"的观念，并认为这是理所当然的。他从未学会以平等的方式与他人相处，也没有独立生活的能力，总认为别人应该无条件地为他服务，不知道自己应该做些什么。当困难出现时，他只有一个办法来应付——向别人乞求帮助。按照一贯的思维模式，他肯定认为如果重获"唯我独尊"的特殊地位，他的处境就会大大改善。

被宠坏的孩子长大后很可能变成我们社会中最危险的群体。其中一些人会成为破坏社会和谐的不良因素：他们会摆出一副"正气凛然"的样子，以获得夺取权力的机会，然后在暗地里破坏普通人日常事务中团结协作的关系。另一些人则更加公开地跟社会叫板，当无法得到期望中的奉承和服从时，他们会产生一种被背叛感，认为整个社会都对他怀有敌意，于是想报复这个社会所有的人。如果我们的社会真的对他们的生活方式怀有敌意(通常人们看不惯娇生惯养的孩子)，他们就会把这种敌意作为他们受到虐待的新证据。这就是为什么惩罚的方法对于娇生惯养的孩子很难起到作用。事实上，它不但没有起作用，反而强化了这些孩子"其他人都在针对我"的信念。这些被宠坏的孩子，无论是暗地破坏还是公然反抗，无论是用阴谋诡计操纵别人还是用暴力报复，本质上都在犯着同样的错误。

我们发现，他们中的很多人几乎都惯用这两种不同的方法，他们的人生目标却保持不变——"人生的意义就是唯我独尊，世人必须承认我是最重要的人，我必须得到想要的一切。"只要继续把这个目标视为生命的意义，他们采取的任何生活方式都将是错误的。

最后，很容易造就错误人生观的对象也包括那些被忽视的儿童。这样的孩子永远不知道什么是爱和合作。他们能够构建自己对生命的解释，却很难将善良的力量考虑进去，不相信会有人关心他们和帮助他们。不难想象，当他们在生活中遇到困难时，他们总是高估这些困难，却低估自己解决困难的能力，忽略别人的帮助和善良。在人生的某个阶段，他们觉得社会对他们漠不关心。从此，他们错误地认为社会永远对他们毫不在意。他们没有被善良的言行影响过，就不会知道善良的言行能赢得别人的爱戴和尊敬。所以，他们不但怀疑别人，更不相信自己。事实上，在孩子的成长过程中，情感的力量是任何东西都无法取代的。作为一位母亲，头等大事就是让她的孩子觉得自己是一个值得信赖的人，然后必须把这种信任感扩展到孩子生活的方方面面。如果她的第一份工作——获得孩子的情感、兴趣和合作失败了，孩子就很难培养社交兴趣或产生跟同龄人交朋友的念头。每个人都有对别人产生兴趣的能力，但这种能力必须得到启发和磨炼，否则它的发展就会受挫。

如果有一个孩子终日处于被忽视、被憎恨或被排斥的环境中，我们就极有可能发现，这个孩子的性格很孤僻，无法与他人正常交流，而且从来都不会与别人进行团队合作，忽视任何可能会对他施以援手的善意。但我们认为，世界上没有任何一个孩子会没有人关注，陷入这种境地之中的孩子肯定会夭折。只要一个孩子度过了婴儿期，就足以证明他或多或少地得到了一些关心和关注。因此，我们不讨论那些完全被忽视的儿童，只考虑那些比正常孩子受到照顾较少的儿童，或在某一方面被忽视、其他方面像正常儿童一样的孩子。可以这样认为：被忽视的孩子从来没有找到一个值得他信任的人。在我们的社会中有一种可悲的讽刺现象：生活中的许多自甘堕落的失败者都曾是孤儿或私生子。一般来说，我们把这些孩子都归于被忽视的孩子。

这三种情况——身体有缺陷、娇生惯养和缺少关爱的孩子都有可能树立起错误的生命目标。具有这些遭遇的孩子都需要帮助，都需要有人来纠正他们看待生命的方式。人们必须帮他们为生命赋予更好的意义。如果我们很关注这类群体，如果我们真正对改变他们的人生感兴趣，并为之努力工作，就不难发现，我们的努力正在改变这些孩子的人生观与世界观。在修正人的性格这方面，梦和记忆被证明是非常有用的手段。做梦者的性格和清醒时一样；在梦中，社会压力较小，性格可以在没有防御和隐瞒的情况下表现出来。然而，要弄清楚一个人怎样定义自己的生命意义，最直接的体现来自于的记忆。人类大脑中存储的每一段记忆都代表着值得记住的东西——不管他能记得的东西有多少。当他回忆往事的时候，回想起来的那些事，肯定是其生活中颇具意义的事情。记忆会告诉他："这是你应该期待的事物"或"这是你应该避免的行为"或"这种行为会造成严重的后果"，等等。我们必须再次强调，每一段记忆都是值得纪念的。

童年的最初记忆非常重要。它有助于显示个人的错误生命意义存在的时间长短，也有助于表现出影响他形成如此生活态度的最初环境。最初记忆之所以重要，有两个原因：第一，它包含了一个人对自己和生存环境的基本评价。这是他第一次评价自己的外貌，第一次对自己有所认识，第一次试着了解别人对他的印象。第二，它是个人主体性格形成的起点，是他记录自己人生道路的起点。因此，在孩子的早期记忆中，我们经常会发现，当他处在脆弱和不安全的状态时，他脑海中理想的安全目标与现实之间的对比非常强烈。一个人脑海中的最初记忆，是否真是他所能记住的第一件事？或者是否真的是他对真实事物的回忆？其实这都与心理学的目的无关。记忆的重要之处在于它们被记忆的主人公"当作"什么，在于记忆主人公如何解释它们，在于它们对记忆主人公现在和未来生活的影响。

在这里，我们可以举几个儿童最初记忆的例子，看看它们如何影响记忆主人公所坚持的"生命意义"。

"在我小的时候，咖啡壶掉在桌子上，烫伤了我——这就是生活给我上的第一课！"通常情况下，以这种方式开始倾诉的女孩，往往会高估生活中的危险和困难，她们无法摆脱孤独和无助的感觉。如果她内心总是责备童年时期别人没有好好照顾她，我们一点儿都不会感到惊讶。因为有些人一定是太粗心了，否则怎么会导致婴儿面临这样的危险！

另一个人的一段最初记忆中也出现了类似的画面："记得三岁时，我从一辆婴儿车上摔下来。"伴随着这段最初的记忆，这位受访者强调自己会反复做着同样的梦："世界末日来了。我半夜醒来，发现天空被一片火红所笼罩。太阳正在下落，我们即将与另一颗恒星相撞。但我在撞击之前醒了过来。"当这个受访者被问到最害怕的是什么时，他说："我最害怕自己在生活中成为一个失败者。"最初记忆和反复出现的噩梦使他陷入灰心丧气的境地，令他害怕人生中的失败和灾难。

一名12岁的男孩夜间尿床，与自己的母亲矛盾不断，他被送往心理医院。他说自己人生的最初记忆是："母亲以为我迷路了。她非常害怕地跑到街上，大声喊着我的名字，我却一直躲在家里的柜子里。"在这些记忆中，我们可以作出这样的猜想：他所认定的"生命意义"是通过给父母制造麻烦来获得关注，获得安全感的方法就是欺骗。自己被忽视了，就可以通过愚弄别人的方式来报复社会。他尿床的习惯也是他使自己成为关注中心的一种伎俩。母亲对他尿床的焦虑和紧张，让他感觉诡计得逞，也加剧了他对这种生命意义的诠释。和前面的例子一样，这个孩子很早就被灌输了这样的观念：外界的生活总是充满危险，只有当别人都为他的行为感到忧虑时，他才会感到安全。只有这样，他才会放心，才能相信别人会在他需要的时候来保护他。

有一位35岁的女人曾来到我的诊所。她人生的第一个记忆是："我三岁的时候，曾经一个人走进地窖。当我在黑暗中走下楼梯时，我稍微大一点的表哥也打开门跟着我走了下来，我被他吓了一跳。"从这段记忆来判断，她可能不习惯和其他孩子玩耍，尤其是和异性玩耍。后来，我的猜测被证明是正确的——"她是独生子女"！而我在后面的闲谈中得知，她直到35岁时仍然没有结婚。

从下面的例子中，我们可以看出社交情感对最初记忆更深层次的影响："我记得母亲让我推着载有妹妹的婴儿车。"在这种情况下，我判断出她只喜欢和比她弱的人待在一起，这样会让她更自在。当然，还可以判断出她非常依赖母亲。一般说来，当一个婴儿出生时，父母通常会需要年长的孩子合作，最好是让他们一起帮助照顾这个婴儿。这种做法一箭双雕：首先，会让大点儿的孩子对这个婴儿感兴趣，会分担保护他的责任。其次，如果大点儿的孩子与父母合作照顾这个婴儿，就不会把父母对婴儿的特殊关注，看作是对自己家庭地位的威胁。

然而，想和别人在一起的欲望，并不一定就是对别人感兴趣的证明。当被问及人生的最初记忆时，一个女孩这样说："我和姐姐还有另外两个女孩一起玩。"当然，我们可以由此判断出她正在慢慢地学会与人交往。但是，当她说出自己最大的恐惧是"被别人忽视"的时候，我可以感觉到她在挣扎，从中我会作出判断——她缺乏独立性！

一旦我们发现并理解了生命的意义，就有了剖析整体人格的钥匙。有一句古话叫："江山易改，本性难移。"事实上，只有那些没能抓住这个难题的关键的人才会这么想。但正如我们所说的，如果没发现生命意义的大方向错误，无论是谈话开导还是药物治疗都无法将患者们从偏执当中解救出来。唯一的改进方法就是训练他们更积极、更勇敢地面对生活。与他人交流、合作也是防止精神类疾病进一步恶化的唯一保障。因此，应该鼓励和训练孩子们以团队合作的方式与他人相处；也应该允许孩子们在日常学习和普通游戏中以自己的方式与同龄孩子相处。切记，任何妨碍孩子们进行团队合作的行为都会造成最严重的后果。例如，被宠坏的孩子只对自己感兴趣，很可能会将唯我独尊的坏习气带到学校，为他人带来消极作用。或许他的成绩不错，会对课程感兴趣，这只是因为他觉得这样做会赢得老师的青睐。他只会选择自认为对他有好处的事情去做。随着他渐渐长大，缺乏情商的负面影响会变得越来越明显。当恶果出现的时候，他已经不可能再从头训练自己的责任感和独立性，瓜熟蒂落的自私人格也无法再适应生活的艰辛了。

我们不能因为这个缺点而责备他。相反，当他开始尝到苦果时，我们不得不设法补救。不能期望一个没有学过数学的孩子在这门课上表现出色，如果一个孩子没有接受过团队合作训练，在面对需要团队合作的工作时，我们就不能期望他表现出色。但是，现代社会中，几乎每一个社会问题的解决，都需要众人的合作，每一项社会分工，都必须在人类社会的框架内进行，以团队合作的方式增进人类的福祉。从这个角度说，现代社会就是一个分工合作的社会，没有一定的团队协作能力，个人就无法在社会中立足。

如果老师、家长和心理学家都明白人在选择生命意义时会犯错误的话，那么他们就应该这样教育孩子：当遇到困难的时候，自己应不断努力去寻求解决之道，而不能将责任推给别人，也不能用抱怨来博取关注或同情，更不能因为恼羞成怒而自暴自弃。我们应当这样说："这是我的生活，而不是其他人的。我必须对自己的生活负责任。"如果每一个独立的人都能以这种合作的方式对待生活，那么人类社会必将薪火相传、永不停息。

第二章　心灵与肉体

　　心灵是一个能量场，在我们的生活中处于主宰地位，它可以决定一个人的行动方向。我们的动作依靠肉体完成，但下达指令的却是心灵，故而肉体与心灵是相互影响的。很多人认为，心灵只能在肉体拥有的能力范围内来指挥、命令肉体行动。

　　"究竟是肉体控制心灵，还是心灵支配肉体？"这是一个我们一直争论不休的话题。争论的哲学家主要分成两派：一派倾向于唯心论；另一派倾向于唯物论。双方各执一词，各自用大量的论断来证明自己观点的正确性。即便如此，辩论依然没有结果，争论还在继续。个体心理学或许可以帮助我们解决这个问题。个体心理学的研究范围，实际上是心灵和肉体之间的动态关系。假设医生们赖以生存的治疗的理论基础是错误的，那么病人将得不到正确救助，病情就会有增无减。所以我们依据的理论，必须是从实际经验中总结推导出来的结果，这个结果也必须在实际应用中得到肯定，并经受住考验。这种相互关系充斥在我们的心理学研究工作中，因此，找出正确的观点是我们必须接受的挑战。

　　个体心理学的研究结果，在很大程度上消除了肉体和心灵问题所带来的负面效应，使得它们不再互相排斥、水火不容。肉体和心灵两者都是生活表现的一部分，在我们整个生活中缺一不可。关于它们之间的相互关系，学者们开始试着从整体的角度来分析和了解。只单一地发展肉体，对我们人类进化而言是不够的，四处走动的动物与我们人类的生活方式也一样，但它们变不成人。我们知道，植物生长在地上，固定在某一个区域无法移动。如果有一天我们发现植物也有心灵——不管是我们知道的哪一种形态的心灵，都必然会让人类感到十分惊讶。假设植物能够预见未来的灾难，植物的固定性也会使得它们无计可施。"有人过来了，他的脚马上要踩到我了！"即便植物能够用心灵思考，它们也无法做出身体上的反应，拥有心灵依然无法改变它们的命运。

但是动物却不同，动物能够在思考、预判的情况下制定自己下一步的行动方向。这样的事实让我们不得不这样假设：它们全都具有心灵或者灵魂。

只要有了思想，自然就会有所动作。

心灵最重要的功用就是能预估接下来运动的方向，这一点尤为重要。认清了这一点，我们就能知道肉体是如何被心灵支配的，心灵又是怎样为肉体指定了动作目标。假设心灵没有制定为之付出努力的目标，仅仅是在不同时间段一味地激发肉体做出一些散乱的动作，那就没有任何意义。动作方向是由心灵功能决定的，所以后者在生活中占据着主导地位。同时肉体也影响着心灵，肉体必须根据心灵的指示做出动作。心灵指挥肉体行动的能力范围，只能在肉体所拥有以及可能被训练出来的范围之内。比如，心灵想要肉体飞向月球，那么除非心灵可以先让肉体进化，能突破地球的生存环境限制，否则必然要遭遇失败的结果。

人类比其他动物更加善于活动，这体现在人类活动的方式更多、人手能够做出很多复杂的动作等。而且，人类还善于利用活动来改变周围环境的状态。由此可以大胆预测：人类的"心灵预测未来"这项能力将会得到最优先的发展。人类正是有目的性地进行奋斗，以此来提高自己在整个自然界中的地位。

我们还能在每个人的身上发现这样的特点：在分步目标的各种动作完成以后，会有一个囊括一切的总动作。这么做的目的是为了让我们处于一个比较有安全感的情境中。各种困难最终都被克服，我们得到了安全和胜利，这就是我们的最终目标。为了这一目标，各种肢体动作与心灵都必须互相协调、相互融合构成一个整体。心灵给我们的感觉好像是为了完成最终目标而被迫发展进化，肉体则有一种与生俱来的趋利性，它也努力朝着这个最终目标发展。比如说，当我们的手指被割破时，全身的细胞都在忙碌着，为复原这个伤口而努力。但是，肉体并不是孤军奋战，它也会发展自己的潜能。在发展过程中，心灵也会给予一定的帮助。这在卫生学、训练学以及运动学等学科研究中已经得到了验证。这些都是肉体争取最终目标的过程中心灵为它提供了极大帮助的佐证。

从呱呱坠地的第一天开始，到油尽灯枯人生结束的那一刻为止，生命的生长与发展，就是心灵与肉体相辅相成、协力合作、延续发展的过程。这种合作关系在人的一生中未曾间断，直到生命结束才会停息。肉体和心灵组成了一个密不可分的整体，彼此联系、彼此合作。心灵好比一辆汽车，充分利用自己发掘的肉体的各种潜能，排除各种困难，把肉体带入安全优越、远离危险的环境中。在肉体的各种活动和表情中，我们可以找到心灵为肉体烙刻的每一处印记。人们的每一个动作、每一种表情，都是一个人生活过程中极具意义的组成部分。人们活动自己的舌头、自己的眼睛、自己的面部肌肉，让自己的脸部挤出一个生动的表情，而给予这表情某种意义的正是心灵。说到这里，总算可以知道心理学或者称心灵科学到底在研究一些什么东西了。心理学所研究的领域是：探讨每个人各种表情的意义，寻找并且了解它的目标与方法，然后用来和他人相互比较。

为了最终达到人体的安全目标，心灵必须使目标的操作更加具体化，它时刻都需要计算："安全点是一个特定的目的地，我一定要指挥肉体朝着那个点的方向努力，才能接近、达到目标。"在这个过程中，当然有产生错误的可能。但是，如果没有固定的方向和目标，就无法产生任何前进的动作。当人们抬起头的时候，心里肯定早已经有了抬头这个意识。有时候，心灵选择的道路也可能造成恶果，这是因为心灵误以为向这个方向运行是对的，对人最有利。故而，心灵上的错误，是一种选择动作方向层面的错误，而不是心灵主观恶意的选择。人类追寻安全目标的想法是一致的，但有人偶尔会把安全目标所在的方向认错，又死不改悔，固执地执行着动作，最终走上一条堕落的道路。

假设我们看到一种现象或者病症，又无法确认它背后隐藏的意义，就必须先了解它。了解它最好的方法就是将这种现象或征兆，按照它的特征分解成简单的形式。我们举一个偷窃的例子来说明。偷窃是一种未经过别人同意、将别人的财物据为己有的行为。首先，我们分析一下这个动作的目标：让自己变得富有，能够拥有更多的东西，从而让自己更有安全感。其次，要了解此人到底处在何种环境里，以及在什么情况下他会觉得自身匮乏。最后，判断他改变环境的方式是否正当，是否能让自身的匮乏感消失，他的动作是否遵循了正确方向，或他是否在获得的过程中用错了方法。对于他最终"变得富裕"的目标，我们不能批评，但可以肯定的一点是：他选择了一条错误的途径来完成自己的这个目标。

文化是相对于经济、政治而言的人类全部精神活动及其产品，而人类对于自身环境的改变，是其中的一种。人类的文化，其实是我们的心灵激发肉体做出的一系列动作的结果。人的各种行为都是被自身的心灵启发的，身体的发展也会受心灵的帮助和指导。概而言之，心灵的效果体现在人类的各种行为表现中。但是，过度强调提高心灵的地位，并不是我们的初衷。假如要克服困难，需要身体绝对的配合。故而，心灵参与控制环境，便于肉体得到保护，促使肉体避开意外、灾害及功能损伤，避免肉体的虚弱、疾病以及死亡。我们具有可以感受痛苦与快乐、创造各种幻想、识别环境的优劣等能力，这些都有助于完成人生目标。

　　幻想与识别是预见未来的一种方法。不仅如此，它们还能激起很多感觉，使身体随之而动。个人感情很大程度上能够控制肉体，但它们不会受限于肉体，它们是由个人目标和个人的生活方式决定的。能够支配人的，并非是单一的生活方式，这点显而易见。

　　如果没有其他力量的干扰，患者自身的态度不足以造成心理疾病。生活方式必须得到感情方面的加强，才能引起行为后果。个体心理学的新观点这样认为：感情与生活方式绝不会相互对立，一旦目标确定，感情就会去主动适应这个目标。到这里，我们的话题已经不在生物学或者说生理学的范畴之内了。感情的出现与发展，是无法用化学理论来解析的，更不能用化学实验来预测。在个体心理学里，我们可以假设生理过程的影响存在，但更令我们感兴趣的是心理的目标何在。我们关心和研究的是焦虑的目的和结果，而不是由副交感神经或者交感神经影响而产生的焦虑情绪本身。

　　按照现在的研究结果，不能确认焦虑是由性压抑所引发的，更不能认为其是难产所留下的后遗症，因为这种解释方法太过天方夜谭。我们知道：孩子习惯于母亲的陪伴、保护和帮助，这就有可能会出现这样一个事实：不管来自哪方面的焦虑感，都是婴儿控制母亲的撒手锏。

涉及愤怒的情绪，我们就不会仅仅满足于描述愤怒时的生理状况。经验告诉我们：愤怒的情绪是控制一个人或一种情境的工具之一。每种心灵或者身体的表现都以肉体为载体呈现，但我们的注意力会专注于如何使用肉体，以便达到既定目标。心理学研究的真正对象就在于此。

我们在每个人的身上都能看到这一点：一个人的喜怒哀乐，都必须与其生活方式协调一致，它们如果能够表现出适当的强度，恰好能够合乎人们的期望值。用悲伤来实现优越感目标的人，不会因为目标的完成而感觉满足或快乐，他只在不幸的时候才会有快乐的感觉。稍加注意就会发觉，感情可以随着自己的需求招之即来挥之即去。一个患有人群恐惧症的人，当他独自留在家里时就不会感觉到焦虑。对于生活中自己无法掌控的那一部分情境，所有的神经病患者都会下意识地避开。情绪的格调也会像生活方式一般稳定。比如说，懦夫永远是懦夫，在与比他更柔弱的人相处时，可能显得比较傲慢自大。在别人的护翼下，偶尔也会表现得非常勇猛。除此之外就不行了。平日里他可能在大门上安装三道锁，或者用警犬和防盗器来保护自己，同时他又会在别人面前坚称自己非常勇敢。别人即使无法看出他的焦虑，但他的性格中的懦弱部分，却在过度保护自己的行为中表现得一览无余。

爱情与性的领域也能够为我们提供一些类似的证据。当一个人想要与性目标接近时，必然先出现与性有关的感情。为了目标，他必须先集中注意力，放开那些不相干的兴趣和竞争性的工作，只有如此，才能引起适当的功能和感情。少了这样的感情和功能，会造成早泄、阳痿、性冷淡和性变态等症状，这完全是由于拒绝放弃不适当的兴趣和工作造成的。优越感和不正当的生活方式都会导致异常情况的出现。在这类病例中我们发现：患者希望别人能够多多体贴他，他自己却毫无付出。这种患者缺乏社会兴趣，社会活动经常以失败告终。

有一位男性患者，在家中排行第二，他感觉痛苦万分，只因为无法摆脱罪恶感。七岁时，有一次他告诉老师作业是自己做的，实际上却是哥哥代替他完成的。这件事他隐瞒了三年，这三年他的心中一直充满罪恶感。后来他跑去告诉老师这件事情的真相，坦诚了自己的错误。老师明白事情经过之后，只是一笑置之。然后他又把这件事告诉了自己的父亲。他的父亲表扬了他的诚实和正直，还安慰了他。父亲的原谅并没有让他从沮丧中恢复。我们可以得出一个结论：这个孩子一直因为一件琐碎的小事严厉地责备自己，是因为他要证明自己诚实。他的优越感要求自己要比别人更诚实。他觉得在学校的成绩和社会的吸引力方面都不如自己的哥哥，所以他只是想用一种独特的方式来获得这种优越感。

此后的学习及生活中，他因为各方面的自卑得更加痛苦。他经常手淫，偶尔还是会作弊。每到面临考试时，这种犯罪感会逐渐增强。由于过分敏感的良心，他内心的负担远远超过兄长。因此，当他试图追上兄长却无法实现这个目标的时候，就用犯罪感作为借口来脱身。大学毕业后，他找了一份技术工作，但这种强迫性犯罪感让他的心情变得更难过，他时时刻刻都在祈祷上帝原谅他的过错，结果完全无法做好本职技术工作。

他的情况越来越严重，被送到精神病收容所治疗。起初，医生认为他无可救药。但经过一段时间治疗之后，他的病情有了很大的起色。在离开精神病收容所的时候，医生要他承诺：假如旧病复发，就要马上回来。后来，他放弃了技术工作改去攻读了艺术史。某次考试前的一个星期日，他到教堂里五体投地，哭喊着："我是人类中最大的罪人！"由此，他又一次让别人觉得他非常有良心。

回到收容所又待了一段时间之后，他再次回到家里。突然有一天，他赤裸裸地走进一家餐厅吃午饭！他拥有健美的身材，在这一点上，或许可以跟其他人甚至他的哥哥一比高下。

他的优越感是一种能让他觉得自己比别人更诚实的认知。这一认知让他朝着这个方向努力挣扎，想要获取更大的优越感。但是，他努力挣扎着，所走的道路却是一种左道旁门。对职业和考试的逃避，让他又有一种懦弱的无所适从感。他的这些症状都是在有意识地逃避那些自己感觉会失败的活动。他在教堂的忏悔和餐厅裸露进餐的举动，是用来争取自己的优越感的拙劣举动。他的生活方式让自己做出了这样的行为，这合乎他的性格和内心的要求。

我们说过，在生命最初的四五年时间里，个人构建了自己心理的整体性，并在心灵与肉体之间构建起一种联系。然后利用从遗传中得来的身体材料以及从环境中获得的印象，对二者进行修正，以配合他对优越感的追求。大约五岁结束的时候，个人的人格正式形成。他对追求的目标、赋予生命的意义、趋近目标的方式、情绪倾向等方面的指标也都固定了。从此以后，虽然也会发生一些改变，但在这些改变发生之前，他必须先把已固定成型的、儿童时期所犯的一些错误改正过来。从前所有的表现都与他对生活的理解有关，现在各种新的表现也将与他新的理解密不可分。

一个人对环境的印象，是他利用感官接触环境获得的。故而，我们从他自身的训练方式中，可以看出他准备从环境中获取哪些经验，以及他将怎么运用自己得到的这些经验。如果我们留意他的倾听和观察方式，了解哪些东西能够吸引他的注意力，我们就可以对他有一个更充分详细的了解。通过一个人的行动，我们能够看出他的身体器官经受过哪些训练，以及他如何运用身体来选择想要接受的印象。这说明，一个人的举动永远受制于思维。

现在，我们可以在心理学定义上再添加点东西——个人对自己身体印象的态度就是我们心理学的研究内容。让我们再讨论一下人类心灵之间的各种不同以及差异巨大的原因是什么。不能配合环境也无法满足心灵要求的肉体，通常都是心灵的一种负担。因此，身体器官有缺陷的孩子的心灵发展会比其他人遇到更多的阻碍，他们的心灵很难顺利地影响或者指挥自己的肉体向优越的地位靠拢。他们要花费更多的心力，还要有比别人更好的专注力，才能达到相同的目的。所以，他们的心灵负荷更重，很容易陷入以自我为中心的泥潭。假如儿童总是受到行动困难与器官缺陷的困扰，他们就没有多余的精力去关注外界的事物，没有对别人产生兴趣的闲情逸致，最终将导致他的社会协作能力比其他人差一大截。

器官上的某些缺陷，的确会对人生造成很多阻碍，但这种阻碍却不是永远无法摆脱的命运。假如心灵能够主动运用自己的能力来克服这些阻碍困难，那么残疾的孩子也有可能跟普通人一样获得成功。事实上，跟正常人比，有器官缺陷的儿童尽管遭受到一些困扰，但他们经常能够获得更大的成就。器官缺陷有时候会产生刺激反射，使人奋进。比如：视力不太好的儿童可能会因为自己的缺陷感觉到异常的压力，他要花费更多的精力才能把东西看清楚，在视觉的世界里，必须对外界投入更多的注意力，也必须更加努力地去分辨色彩和形状。结果，他往往要比那些普通人更能注意到微小的差异和细节，因为在这方面他拥有更多的经验。由此可见，如果心灵寻找到克服困难的正确方法，有缺陷的器官就会成为积极方面的因素。很多诗人和画家就曾蒙受视力问题的困扰，当心灵把这些缺陷转化为动力之后，它们的主人运用眼睛的技巧要比普通人更加娴熟。有些孩子没有被当成左撇子却天生惯用左手，从他们身上也很容易看到同样的补偿作用。在家庭或学校生活中，他们会被训练使用自己并不擅长的右手。事实上，他们的右手很不灵活，不适合绘画、书写或是制作手工品。但是，假使右手能够妥善地被心灵运用，并且克服这些困难，那么他们不灵活的右手必会掌握一些高难度的技巧，事实也确实如此。很多惯用左手的孩子在绘画、书法和工艺方面比正常人更胜一筹。找到正确的方法，加上反复的训练，就能够化腐朽为神奇。

儿童只有集中精力，下定决心对团体做出贡献，才能成功地寻找到补偿自身缺憾的方法。一味地逃避困难，不寻找解决方法的儿童，必定落在人后。如果在他们面前设置一个可供他们追寻的目标，只有这个目标比挡在面前的困难更重要时，他们才会努力勇敢地继续前进，这是他们的注意力和兴趣指向何处的关键。如果他们想争取某些身外之物，自然会努力地训练自己，使自己具备获得它们的本领。困难是通向成功道路上的一些必须克服的关卡。反过来看，假使他们的想法仅仅是担心自己不如别人，而没有远大目标的话，肯定不会取得进步。笨拙的手不能仅靠空想就变得灵巧，必须通过严格的训练才行。一个孩子若想集中注意力克服自己的困难，前面必须有一个需要他全力以赴的目标，而且这个目标一定要建立在他对别人或者现实有合作兴趣的基础之上。

有一个案例，可以作为遗传性缺陷被巧妙运用的范例。一位孩子患有夜尿症，这种缺陷很常见，医生可以从他的膀胱或肾脏当中发现病征，从腰椎附近的皮肤上的胎记或者青痕，也可以判断他们这一部位有可能存在此种类的缺陷。但器官的缺陷不一定会造成夜尿症。孩子只是用夜尿症来达到自己的某种目的。比如说，有的孩子只在晚上尿床，白天却不会；有时，当父母的态度或者环境改变后，孩子的尿床症状也会突然消失。假如孩子不再把器官上的缺陷当作达到某种目的的手段，那么，除了心智有问题的孩子之外，夜尿症其实是可以被克服的。

但是，有夜尿症的儿童通常更能吸引父母的注意力，这使得大多数的患病孩子不想被治愈。为了被照顾，有些孩子反而想继续保留这种症状。聪明的母亲会给孩子提供正确的训练方法；经验不足的母亲，一般会眼睁睁看着孩子把这个毛病延续下去。在患有膀胱疾病或者肾脏疾病的家庭里，父母会过分重视孩子的排尿问题。可能孩子发现并利用了这一点，他不愿痊愈，因为这病能给他提供更好的被照顾的机会。如果孩子想反抗父母给予的待遇，会寻找属于自己的方法来攻击父母最大的弱点。一位著名的德国社会科学家经过研究后发现：罪犯中有很大的比例来自父母的职业是压制犯罪的家庭，如警察、法官、狱吏等，有些教师的孩子也特别顽劣。以我的经验看，这个结论非常正确。而且我还发现：医生的孩子里精神病患者的数量，以及传教士孩子中不良少年的数量都相当的惊人。同样，如果父母过分重视排尿的时候，孩子就会选择夜尿症这条用来表明自己有独立意志的路径。

尿床的孩子经常会梦到他已经起床去了厕所，他们会利用做梦的方式原谅自己，然后心安理得地尿在床上。夜尿症想要达到的目的只有一个：吸引别人的注意力，让父母在晚上也注意到他，这也是反抗他人的方法之一。从中我们可以得出这样的结论：夜尿症的孩子不用嘴巴说话，而是用膀胱"说话"，是一种创造性的表现。器官的缺陷，让他们有了一种独特的表明自己态度的方法。

使用这种伎俩的儿童,通常都处在一种极为紧张的状态里,比如说被宠惯后却又丧失了唯我独尊的地位。也许是因为家里更小的孩子出世了,他们觉得自己无法得到母亲全部的关爱。这时,孩子觉得夜尿症会让母亲重新关爱自己,虽然这不是一个让人高兴的方法,但确实有效。他好像在向父母表达这样的观点:"我还是个孩子,我也需要被照顾!"

在不同的环境里或面对不同的器官缺陷时,孩子会使用不同的伎俩,他们可能会利用声音刺激自己与他人的关系。在这样的情况下,他们每到晚上就又哭又闹,有的孩子可能会做噩梦、梦游、跌下床或者吵闹着要喝水。其中一部分伎俩由环境决定,另一部分由身体的状况决定。

以上这些例子,清晰地展现出心灵对人体的影响。事实上,心灵能够影响某些特殊病症所作出的选择,还能支配身体的某些结构。我们还没有直接的证据来证明这个假设。要证实这个理论,是一件相当困难的事情。但是有些征兆看起来似乎相当的明显。假设一个孩子非常胆小,他的性格就会制约他的身体发展。他不关心体育成绩,也不热衷于强身健体,甚至会拒绝接受教人锻炼的外部刺激。通过这些现象,可以做出一个顺理成章的总结:身体的整个发育和成长过程不仅会受到心灵的影响,还可能反映出心灵的缺点和错误。肉体的很多错误表现都是心灵无法找到补偿方法造成的结果。

再举一个更容易被接受和了解的例子,我们对它会比较熟悉。一定程度上,人的每种情绪都会表现在身体上。这种表现可能是他的态度或者姿势,也可能是他的脸部表情,甚至会通过他的膝盖或腿的抖动表现出来。比如说,当一个人的脸色由红转白时,必然是受到了血液循环的影响。在焦急、愤怒或者忧愁的状态时,肉体都会"说话"。肉体说话使用的是自己特殊的语言。当一个人陷在恐惧的情绪中时,有些人是全身发抖，有的人可能是毛发竖立，还有的人会心跳加快，当然也可能会有一些人呼吸困难、冷汗直流、声音沙哑、全身颤抖而畏惧不前。更有甚者，身体的健康状况都会受到影响，比如说会呕吐、食欲不振等。对一些人来说，情绪会干扰膀胱功能，也有一些人受影响的可能是性器官。有一些儿童在面临考试的时候，性器官可能会受刺激；一些罪犯在犯罪之后，常常去找妓女或者他们的女友发泄。很多心理学家会告诉你：性跟焦虑有着密不可分的关系，但也有一些心理学家持反对态度。这些观点都是根据他们个人的经验总结出来的。其实，对一些人来说，性与焦虑的确有关系，对另一些人来说却是"风马牛不相及"。

这些不同的反应分属于不同类型的人群，遗传基因可能或多或少地影响到它们。这些身体上的不同反应能够带来许多暗示，我们或许能从中看到他们家族的一些特质甚至是弱点，因为在同一种情境中，同一家族的不同成员可能会有类似的身体反应。最有意思的事情是观察心灵怎么利用情绪来激发身体上的某种状态。情绪在身体上的表现会告诉我们心灵在一个有利或者有害的环境中是如何做出动作和反应的。比如一个人在发脾气的时候，如果他希望尽快地克服这种情绪，所找到的最好方法就是去诋毁、辱骂或打击别人。这种情况下，愤怒会影响到身体器官，使一些身体器官僵止，或对其增加额外的压力。怒气攻心时，有的人会有胃部不适的感觉，面部也会因为血液循环的加速而涨得通红，某些人还会感到头疼。一般说来，在头痛或者偏头痛的背后，经常隐藏着异乎寻常的耻辱感或者愤怒。有的人愤怒时甚至会出现三叉神经痛或者癫痫性的痉挛。

心灵如何对肉体产生影响，还没有被完全研究清楚，所以我们无法对它们做出一个全面的描述。紧张的心情对自主和非自主神经系统都会产生影响。一紧张,自主神经系统就会做出动作。有的人可能会拍桌子、撕纸片。只要紧张,人就会通过某种方式做出动作。吸烟或者咬铅笔都可能是发泄紧张的方式。一旦出现这种动作,心理学家就能知道:他对目前自己面临情境的忍耐度已经达到了极限,已经感觉到无法忍受。有社交障碍的人在陌生人面前会变得面红耳赤、肌肉颤抖,甚至是手足无措,这些都是紧张造成的结果。紧张的情绪会经过自主神经系统传遍全身,在这种情绪出现的时候,人的整个身体都会处于一种异常紧张的状态。但是,这紧张的状态并不会在身体的每个部位上都那么清晰地表现出来,我们所说的症状,都存在于一眼就能看到的部位上。假设我们进行更细致的检查就会发现:身体的每一部分都包含在情绪的表现里,这些身体上的表现又都是肉体和心灵活动互动的结果。我们必须检视肉体对心灵、心灵对肉体的相互活动,这两者共同组成我们所研究的身心整体。

从这些证据中我们可以得出一个结论:生活方式与它相对应的情绪倾向会不停地对身体施加影响。比如儿童很早就会固定出自己的生活方式。如果有足够的经验,还可以从童年的生活方式中预见他长大以后的样子。勇敢的人会把自己的勇敢态度通过他的身体表现出来,他的身体会发育得跟一般人有所不同,身体非常沉稳,肌肉异常强壮。他的面部表情跟普通人也不一样,会非常坚毅沉着,甚至连骨骼构造也会受到一定的影响。

还有不可否认的一点是,心灵能够影响大脑。病理学案例中有许多这样的例子:大脑右半球受损而丧失书写或者阅读能力的一些患者,能够通过大脑其他部分训练来恢复这些能力。部分中风患者,受损的大脑部分已经没有完全复原的可能性,可是大脑的其他部分或许能承担起这部分受损器官的功能。这样，他大脑的功能就会完全恢复。如果这个理论也可以运用到个体心理学的教育主张里，就会变得意义非凡。大脑是心灵的重要工具，假设心灵可以对大脑施加这样强大的影响，那么我们就可以找出强化或者发展这个工具的方法。大脑发育不全的人不必再忍受这缺陷的制约，因为他可以找到使大脑更加适应生活的替代方法。

如果心灵把目标定错了，比如那些没有发展自己合作能力的人，大脑的成长就无法对他的身体施加有意义的影响。我们发现，很多缺乏合作能力的儿童，看上去总是一副缺乏理解能力和智力低下的样子。这是因为小时候最初四五年的生活方式影响着他成年后的举止。如果能更加清晰地看出他的价值观以及他赋予生命的意义，就能找出他所受的合作障碍，并帮他矫正过来。在个体心理学中，我们已经向着这条道路迈出了第一步。

有很多学者认为，心灵与肉体的表现之间存在一种固定的关系。但没人能找出两者之间的真实关系。克雷奇默（Kretschmer）曾告诉我们怎样从身体结构里看出一个人与哪种类型的心灵相互对应。据此，我们就能根据身体构造将人类区分成很多种类型。例如：短鼻子、圆脸的人有肥胖者的心理倾向，正如恺撒大帝所言：

我希望我的周围都是肥胖的人，有着圆润的肩膀的人，能一夜好眠的人。

克雷奇默觉得这种体格跟某些心理特征有关系，至于为什么二者之间会有关联，他没有说明。按我们的理解，具有这类体格的人，好像都不会存在器官上的缺陷，他们的身体很适合我们的审美。在体格上，他们觉得可以跟别人一分高下，强壮使他们充满信心。他们一般不会紧张，即便在与别人竞争的时候也是信心满满，觉得自己能全力以赴。但是，他们没必要把其他人看作敌人，也没必要把生活看作一种充满敌意的斗争。有一派心理学把他们叫作"外向者"，至于为什么这么称呼他们，却没有做出说明。我们认为，这可能是由于他们不曾对自己的身体产生过任何消极情绪。

克雷奇默指出的另一相反类型是神经质的人。他们通常又瘦又高，脸型椭圆，鼻子很长。他相信这种人非常善于自省且思想保守，大多患有精神分裂症。这也就是恺撒大帝说的另一类型的人：

卡修士有着枯瘦而又饥饿的外形，他的计谋太多，这样的人非常危险。

这些人可能承受着器官的缺陷所带来的苦难，而变得悲观、内向、自私自利。他们或许需要得到比别人更多的帮助，当他们觉得别人对自己不重视时，就会变得多疑、怨恨。不过克雷奇默也承认，有很多混合类型的人存在，即便肥胖型的人也可能会产生属于瘦弱者的心理状态。他们所处的环境以另外一种方式为他们增加了很多负担，可能会让这个人变得沮丧胆小。如果我们制定一套细致的方案，就能把任意一个孩子变成神经质患者。

假如我们有着非常丰富的经验，就能从个人的表现中看出他与其他人合作的能力。人们一直在找寻这种暗示。这种合作的需要，一直不断地压迫着我们，我们也凭借直觉去找寻许多暗示，从而指导我们在混乱生活中更加稳定地朝着正确的方向行动。我们深深地明白：在历史的每次大变革发生之前，人类都已经在心灵上认识到变革的需要，然后努力让变革成功。但是，如果仅靠本能来决定这种奋斗的方向，就很容易犯错误。同样，人们不喜欢那些有吸引注意力特质的人，例如驼背或者外表畸形的人。人们对他们根本不了解，却在心中做出了他们不适合作为自己合作对象的结论，这就是一个巨大的错误。不过，可能他们的判断也是基于个人经验的结果。目前我们还没发现有什么办法可以提高这些受特殊外形伤害的孩子的合作程度，因为他们的缺点被过分地强调，成了大众迷信的牺牲品。

让我们来总结一下。在生命最初的四五年里，儿童会统一自己心灵奋斗的方向，在肉体和心灵之间构建起一种基本关系。他会使用一种固定的生活方式，来对应自己的习惯以及情绪，这种发展或多或少地包含了合作的因素。从合作的程度中，我们可以判断和了解一个人的人格。失败者最大的共同点是他们的互相协作能力非常薄弱。那么，我们给个体心理学一个更进一步的定义：它是对合作缺陷的高级研究工作。心灵是一个整体，生活方式里又贯穿着心灵的所有表现。故而，个人的情绪和生活方式以及心灵思想观念必定是统一的。假如我们看到某种情绪对某个人造成明显的障碍，并且伤害了他的个人利益，单纯想改变这种情绪显然毫无作用，因为它仅仅是个人生活方式的一种正当表现。只有从根本上改变生活方式，才能斩草除根，彻底改变这个人的人生。

在这里，个体心理学对教育方式和治疗方法的未来发展提供了一种特殊的指导。我们绝不能仅为患者治疗一种病征或注意一种单独的表现，而必须在患者的整体生活方式中、在患者心灵解释经验的方式中、在患者赋予生命的意义中、在患者的身体和环境接受到心灵信息而做出的各种动作中，找出其错误的根源，这才是个体心理学真正应该做的工作。至于拿针刺小孩儿来看他跳得有多高，或是挠痒痒来观察他笑得有多响，这些实在不适合被称为心理学。

然而，在现代心理学界，这些做法却是非常普遍的。虽然它们也能提供给我们一些与个人心理有关的东西，不过这些证据也仅限于提供一种固定又特殊的生活方式。个体心理学最应该作为重点去研究的题材和对象是生活方式。而其他的心理学派，最主要的研究方向则更多是放在生理学和生物学的内容上面。对于那些研究刺激反应的专家来说，对于那些想找出震惊情绪所引发的一系列后果的学者而言，对于那些对遗传基因学如何发展而投入很多精力去研究的教授来说，他们的方向无疑是正确的。但是，在个体心理学中，我们重点要考虑的是完整统一的心灵，是心灵自身。我们研究的课题是个人赋予外部环境的意义以及他们自身生命的意义、他们努力的方向和目标，以及他们对生活问题的处理方法。迄今为止，观察人们合作能力的差异也是我们所拥有的能够通晓心理差异的最好方法。

第三章 自卑感与优越感

每个人都有一定程度的自卑感,如果鼓起勇气,我们可以通过改善环境,以一种直接、实际和完美的方式摆脱这种自卑。追求优越感是人生的奋斗目标,也是一种动态的趋势,而不是大航海时代殖民者们追求的目的地——一个画在地图上的静止的点。

个体心理学的伟大发现之一——"自卑情结",似乎已经举世皆知。许多心理学家已开始接纳并采用这个术语,并以他们自己的方式将其公之于世。然而,我不确定他们是否真的理解或能正确使用这个词。例如,告诉病人他正在遭受自卑感的侵害是没有用的,这只会加重他的自卑感,却不能让他知道如何克服自卑感。每个神经症患者基本上都有自卑情结,但如果用"是否有自卑情结"的方法去区分神经症患者和其他疾病患者是不可能的,何况普通人也可能有自卑情结。单纯告诉别人"你有自卑感"并不能帮助他获得勇气,因为这就像告诉一个前来求诊的头痛患者:"我可以清楚地告诉你到底得了什么病,你有头痛的毛病!"一样,无益于缓解他的病情。我们必须从患者的生活方式中找到让他产生挫折感的原因,当他缺乏勇气时,我们必须能及时地鼓励他。

有很多被精神类疾病所困扰的患者,当被问及其是否自卑时,他们总会摇摇头说：“不！"有些人甚至会说：“恰恰相反。我觉得我比周围的人都强！"所以我们不必问他们，只需关注他们的个人行为即可。从他的行为中，我们可以看出他用了什么手段来显示他的重要性。例如，当看到一个傲慢的人时，我们就可以猜测他的内心感受：“别人看不起我，我必须让他们知道我是怎样的大人物！"如果我们看到一个人在说话时使用了过多的肢体语言，就也能猜到他内心的感受：“如果不加以强调，我说的话就显得太微不足道了！"我们不得不怀疑，这种想要超越他人的行为背后，是否有一种过激的努力，就像一个害怕别人说他矮的人为了表现自己的身高，经常在别人面前踮起脚尖一样。尤其当两个小孩在比较他们的身高时，我们经常可以看到上述行为。害怕太矮的人会挺直腰板，紧张地保持这个姿势，让自己看起来比实际高。如果我们问他们：“你觉得自己有点矮吗？"他们通常都会矢口否认。

然而，这并不意味着一个有强烈自卑感的人就一定表现出十分顺从、十分安静、十分克制以及超然于世外的性格。自卑感表现在许多方面，下文中三个第一次被带到动物园的孩子，我想我可以用他们的表现来说明。

三个孩子都是人生中第一次来到动物园。当他们站在狮子笼前时，第一个孩子躲在母亲的身后，浑身发抖，用带着哭腔的声音说：“我想回家。"第二个孩子站在原地，脸色苍白，浑身发抖。但是，他却大声地说：“我一点儿也不害怕。"第三个孩子目不转睛地盯着狮子，问他母亲：“我可以向它吐口水吗？"事实上，这三个孩子已经感觉到自己处于劣势，但他们每个人都根据自己的生活方式，用自己的方法表达了自己的感受。

每个人都有不同程度的自卑感，俗话说，"人心不足蛇吞象"，人们往往会因为对比而产生自卑的情感体验。不管人们过得怎样，都会觉得自己应该生活得更好，这是一个客观规律。如果我们能一直保持自己的锐气，就能以直接、实际而完美的，即改善环境的唯一方法来使我们摆脱这种自卑感。没有人能够长期地忍受自卑的感觉，自卑感会促使人们急于采取某种行动来解除自己的紧张状态。

即使一个人已经气馁了，即便他觉得自己再怎么努力也不能改正自己某一方面的缺点，但他仍然无法忍受这种自卑感，仍然会想方设法摆脱它们。只是，他所采用的方法很难真正地对他有所帮助。他的目标虽然是"克服自己的自卑感"，但他没有采取克服困难的有效行动，而只是用一种虚假的优越感来陶醉或麻痹自己。与此同时，他的自卑感也在不断积累，因为导致自卑感的根源仍然没有改变，问题仍然存在。他所采取的每一个步骤或者对策都会起到反作用，逐渐使他陷入自我欺骗的境地。他所面临的心理问题也会变成越来越大的压力，不断地逼迫他，最终把他逼疯。如果我们只注意到他的表面动作或者说辞，不去理解这里面的真相，会误以为他并没有严重的心理问题。如果发现这位患者没有改善目前生存环境的计划，马上应该想到，患者已经放弃了改变自己生活方式的希望，没有想跳出泥沼的打算。正常情况下，如果一个人感到自己很虚弱，他就会尽全力把自己转移到一个自我感觉更强大的环境中。而这些带有自卑情结的患者，他没有把自己训练得更强大、更加适应环境的打算。相反，他只是致力于训练自己的精神力量，使他在自己的眼中显得更强大，这种欺骗自己的努力可以取得暂时性的心理安慰。如果自卑感问题一而再、再而三地打扰他，他可能会成为一个脾气暴躁、歇斯底里的人，会不厌其烦地向世人证明自己的重要性。他可以用这种方法麻醉自己，但他的自卑感仍然没有得到改善，仍然存在于这个人的生活中，并长期潜伏在他的精神生活中，稍微有点风吹草动就会随时爆发出来。在这种情况下，我们才把这种自卑感称之为"自卑情结"。

现在，我们应该可以定义"自卑情结"这个词语的概念了。当一个人面对一个非常棘手的问题，同时又认为他绝对不可能解决这个问题时，出现的负面情绪就是自卑情结。从这个定义中，我们可以推测出，愤怒、悲伤和惭愧都有可能是自卑情结的表现形式。由于自卑感总能引起人们的紧张情绪，对自卑感进行克制的行为必然会同时产生，但精神病患者的目的并不是去真正地解决问题，他们所追求的优越感是一种"精神胜利法"。比如说，头疼的时候不是去治疗头疼，而是不断告诉自己"我的头并不疼"，真正的问题则被隐藏起来。他们把自己局限起来，只是想努力避免失败，但却没有追求成功的念头。面对困难的时候，这些人会表现得犹豫不决、毫无头绪，甚至最后逃之夭夭。

在患有"公共场所恐惧症"的病例中，这种态度是随处可见的。这些患者有时候表达出同一种信念："生活中充满了危险，有各式各样的坏人，必须避免到公共场合中去。我不能走得太远，必须待在熟悉的环境里。"当这种信念成为其人生的行为准则时，他们就会终日把自己锁在房间里，或待在床上永不起身。面对人生的终极困难时，这些人最彻底、最极端的退缩表现就是自杀。如果走到这一步，说明这位患者已经放弃了寻找解决生活问题的任何方法。他确信自己对于改善自己的处境无能为力。

如果明白自杀是精神类疾病患者责备或报复他人的形式，就能理解那些为了获得心理慰藉而选择结束自己生命的患者的心理。每一个自杀案例中，我们都能发现死者必然要把其自杀的原因怪罪到别人的头上。自杀的人几乎都这样想："我是世界上最温柔、最善良的人，而这个世界却如此残忍地对待我！"

每一个精神病患者都或多或少把自己局限在一个很小的活动范围内，以避免接触整个大环境。他想远离不得不面对的现实生活，把自己限制在他能够掌控的环境中。这样，他给自己建造了一座窄窄的城堡，并在里面关上了门窗，把自己与微风、阳光和新鲜空气隔绝开来。个性决定了他究竟是选择以大喊大叫的方式来统治自己的领域，还是通过以卑躬屈膝的方式来维持自己的领域。尝试过所有的方法后，他会选择最好、最有效的方法来实现自己的目标。如果他对其中哪一种方法不满意，便会尝试另一种方法。但不管用什么方法，他的目标都是一样的——获得心理慰藉，而不是试图改善自己的真实处境。

如果一个孩子发觉眼泪是控制别人的最佳武器，他就会变成一个"爱哭鬼"，而"爱哭鬼"将来很容易成长为一位患有抑郁症的成年人。眼泪和抱怨——我称之为"水的力量（Water power）"是一种专门破坏合作、并将他人变成自己附庸的有效武器。就像那些过度害羞、惺惺作态以及有犯罪心理的人一样，"爱哭鬼"的行为中表现出浓重的自卑情结。他们已经默认了自己的弱点，并认为自己根本不可能克服这些弱点。他们竭力把好高骛远的人生目标隐藏在内心深处，不惜一切代价踩在别人头上。乍一看，一个喜欢自吹自擂的孩子，人们可能会认为他很正常，但若不偏听偏信，而是仔细地去观察他的行为，很快就会察觉他其实已经被自己矢口否认的自卑感控制了。

所谓的"俄狄浦斯情结（Oedipus complex）"其实只是神经症患者把自我关闭在狭窄城堡中的一个特例。如果一个人不敢在社会交际圈里自由地处理爱情问题，他就不能成功地结婚并建立家庭。如果日常行为被限制在他的家庭圈子里，那么他就不得不在这个圈子里处理他的性问题，这也不是什么奇怪的事情。由于缺乏安全感，他的社交圈范围从没超出他最了解的几个人。他可能受过情感上的挫折，害怕和别人相处，所以害怕再度陷入那种不能控制局面的状态。"俄狄浦斯情结"的受害者大多是被宠坏了的孩子，他们被教育养成"衣来伸手饭来张口"的心态，相信自己的愿望生来就该被无条件地满足，不知道必须通过自己的努力才能在外面获得温暖和爱。等他们成年以后，大多数人还一直依靠母亲而生存。在爱情观方面，他们在爱情中所寻求的不是一个平等的伴侣，而是一个仆人。但没有任何一个仆人能像他们的母亲那样使他们有安全感。任何一个孩子都可能会有"俄狄浦斯情结"，如果他的父亲对他漠不关心，他的母亲溺爱他，他的交友圈又非常狭小的话，这孩子患上"俄狄浦斯情结"心理疾病的可能性就非常高。

各种精神病的症状都伴有行为受限的现象。口吃者进行演讲的过程中，不用细致观察，我们就可以感受到他犹豫不决的态度。生活的压力迫使口吃者不得不与同龄人交往，但他对自己口吃的自卑感，对演讲这些尝试的恐惧和他的社会交往情感发生了冲突，导致他说话断断续续、犹豫不决。在学校中唯唯诺诺、总是屈居人后的孩子，以及30多岁仍然找不到工作的成年人；没有找到结婚伴侣的男性或女性；强迫症神经病患者以及一些失眠患者的发病原因，几乎都与自己的自卑感有关。自卑感使他们不能解决生活中那些必须面对的问题。再比如说，手淫、早泄、阳痿和性变态者也深受自卑感之害。每当接近异性的时候，他们都会表现出犹豫不决、害怕自己行为不端而瞻前顾后的现象。如果有人问我："这些人为什么那么瞻前顾后？"这个问题的唯一答案是："因为这些人把异性看得太过高不可攀了！"

正如我们所说，自卑感本身并不是一种病态的情绪。相反，它普遍存在于人类的生活中，随着人类地位的不断提高而产生和发展。例如，科学的发展就是人们逐渐认识到自己无知而奋起探索的结果。科学就是人们努力克服自卑感、逐步改善自身处境、进一步探索宇宙、更好地控制大自然的结果。事实上，在我看来，人类的整部发展史，其实就是一部克服自卑感的血泪史。

想象一下，一位来自外星的游客首次来参观我们生存的地球，他必然会产生以下印象："这些地球人啊，看看他们的各种国家政权和组织机构，看着他们为了保护自己安全所做的努力，看看他们为了防止被雨淋湿而修建的各种建筑、为御寒而编织的各种衣饰、为交通便利而修建的各种街道。显然，他们一定觉得自己是地球生物当中最为弱小的生命！"事实上，从某些方面看，我们人类的确是地球上比较弱小的生物。比如说，人类没有狮子和猩猩强壮，很多动物的独居能力要比人类更强。虽然有些动物也需要通过群居来弥补它们的弱点，但人类比世界上其他任何动物更需要深层次的团队合作与社会分工。人类的婴儿时期非常虚弱，需要很长时间的照顾和保护。每个人都曾是人类群体中最弱小、最无助的孩子。如果没有分工合作，没人照顾他们，这些小孩子只能被自然环境无情地淘汰掉。因此，不难理解，如果一个孩子不能学会与他人合作的方式，他的人生将不可避免地走向消极的方向，而可能形成牢不可破的自卑情结。我们知道，即使是最善于跟人合作的人，也经常会在生活中遇到这样或者那样的问题。没有人能完全控制自己生存的环境。生命太短暂，人们的身体却又太过虚弱，生命中的三大问题总逼着你交出更好的答案。到最后，人们总会给出自己认为最好的答案，但人们从不满足于自己已经取得的成就。无论如何，只要活着，奋斗还是要继续，只有深谙与他人合作之道的人才能不断地进取，从而真正改善人们的共同处境。

我想，没有人会真的认为自己能够达到人生的最高目标。如果一个人或整个人类能够做到"可控任何意外"，在这种环境下的生活一定非常枯燥。一切事情都可以提前预测，一切错误都可以提前被计算出来。明天不会给我们带来任何意想不到的惊喜，对于未来，我们也没有任何期待。事实上，生活中的大部分乐趣来源于一种外部环境的不确定性。如果我们能够确定一切规律，如果我们能够知晓一切知识，那么讨论和发现的乐趣将不复存在，科学将走到尽头。我们周围的宇宙是一个已被看透、一成不变的世界，那些艺术和宗教也不能带给我们任何的感觉，因为它们已不再有任何意义。幸运的是，生命的奥秘并没有那么容易被揭晓，人类的努力仍在继续。我们依然在为团队合作和奉献社会创造新的机会。

精神病患者从开始与人合作的时候就陷入了挣扎的深渊，在起点上已经受到了阻碍。对生命中遇到问题的解决方式总处于较低的水平，困难则呈几何倍数增加。一个正常人解决人生中遭遇的问题喜欢用循序渐进的方法，能接受新的问题，并给出新的答案。正常人一般不甘居人后，不希望增加社会的负担，也不需要社会特别的照顾，能根据自己的社会意识独立勇敢地解决遇到的一切问题。

每个人都有一种属于自己的优越感目标。它取决于个人给予生命的意义。而这种意义不仅是口头说说那么简单，与个人的生活方式息息相关，就像他自己独立创作的一首曲子。然而，在每个人的生活方式中，他并没有把自己的目标表达得足够简单清晰。换而言之，我们无法一眼就能看出他人的人生目标。而优越感目标的表达方式很含糊，我们只能从个人的行为中猜测。了解一种生活方式就像了解一位诗人的作品：一首诗虽然是由文字组成的，但它的意义远远超过它所使用的文字的字面意思。我们必须在作者的字里行间寻求这首诗的引申含义。

　　破译一个人的生活方式也是一项复杂的工作，心理学家必须学会如何评价人类的表现。换句话说，他必须学会欣赏生命意义的艺术。生命的意义在人出生后四五年的生活经验中基本上已经确定了。确定的方法并不是精确的数学计算，而是不断地在黑暗中摸索，像一个盲人摸象的过程——谁都不可能在这么小的时候就懂得很多大道理，只能通过直觉获取一个个提示，然后作出自己的解释，在探索和测量中确定优越感的目标。优越感目标可以呈现人生奋斗的动态趋势，而不是画在图表上的一个静态点，没有人可以清楚地描述自己所追求的优越感到底是什么。他可能会知道自己的职业目标，但这只是他努力要实现的优越感目标的一小部分。即使这个目标已经确定，实现它的方法也有可能发生变化。例如，有一个人渴望成为一名医生，这就意味着将会出现许多不同的事情。他不仅想成为一名科学或病理学专家，而且还对他人的活动表现出特别浓厚的兴趣。我们可以观察他帮助病人的努力有多少，进而推断他对待自卑感的态度究竟如何。如果他将当医生这一目标作为一种用来补偿他特殊自卑情结的方式，我们就要从他的专业或其他方面的表现，来猜测他想要补偿哪方面的自卑能力。例如，我们发现，许多医生在儿童时期就曾经见识死亡的威胁，而死亡是人类危机感最突出的方面之一。也许他们在童年时期就遭遇了兄弟或父母去世这种情况，所以成年后他们的学习会转向将人从死神手中救走的医学方面。

　　还有的人可能会把成为一名教师作为他的人生目标，但我们很清楚：教师之间的差异是非常大的。如果一位教师的社会意识较低，在那些比他弱的人面前，他做教师的目的可能只是为了寻找存在感。换句话说，这类人只有与那些比他弱或经验比他少的人相处时，才能感到安全和优越。一个具有优秀社会意识的老师会平等地对待他的所有学生，全心全意地为人类做出贡献。在这里，要特别指出一点：不仅教师的能力和兴趣之间存在着巨大的差异，而且教师的人生目标对于其人生表现也有着重要的影响。当一个人确定了自己的人生目标时，他会调整自己的行为以适应这个目标。在一些自然或者主观限制下，他对人生目标的追求将逐渐向前推进，慢慢将目标精准化、长远化。无论遇到什么情况，他都会找到一种方式来赋予自己生命的意义，并表达他追求卓越的终极理想。因此，要想了解一个人，必须看到那个人隐藏在表面之下的本质。

一个人可能会改变实现自己目标的具体方式，比如说，他可能会更换自己的职业。所以，我们必须找到其性格中潜在的一致性——即他的整体人格。这个整体人格是固定不变的。如果我们从不同的位置去观察一个不规则的三角形，每个位置都会给我们一个不同的印象。但这个三角形的外形其实没有发生变化，个人的整体人格目标也是如此。它不会在一次或者两次事件中就把真面目表现得淋漓尽致。但是，从这个人的一贯表现中，我们仍可以看穿他的真面目。

另外，由于人类所追求的优越感目标极其灵活，即便是心理医生也不可能武断地判断，人们对优越感的追求是否会因为某事而得到满足。事实上，在追求优越感的道路上越是遇到险阻，一个人的心智越健康、越正常，其找到新方法和新道路的可能性就越大。而那些精神病患者则会沮丧地认为，到达他优越感目标的道路只有一条："必须这样做，否则我就走投无路。"

我们不会轻易定义任何一种追求优越感的方式，但我们能在所有方式中找到一个共同的元素——追求者们想掌控一切的努力。有时，孩子们会毫无顾忌地表现出这种倾向来："我想成为上帝或者神。"许多哲学家也认同这一理念，而一些教育工作者想让自己的孩子看起来像神一样。在古代的宗教训练中，我们可以找到类似的例子，宗教信徒一直都致力于把自己培养成近乎神圣的人。现今社会，神圣化的理想变得温柔一些，体现在"超人"的概念中。尼采（Nietzsche）发了疯之后，在一封写给史翠伯格（Strindberg）的信里面，曾经将自己的名字署为"被钉在十字架上的人"（The Crucified），把自己与上帝耶稣相提并论。疯子们常常毫不掩饰他们的优越感，自称"拿破仑"或"中国的皇帝"。他们想成为世界人民顶礼膜拜关注的焦点，成为全人类崇拜和仰慕的对象，成为超自然的主宰，成为未来的先知，成为能够倾听到全世界人类心声的神明。成为神明或者圣人的目标可以用一种更理性的方式来表达：渴望了解万物的规律，拥有宇宙的全部智慧，或者渴望自己拥有使生命不朽的方式。无论我们想要长生不老，还是想经历多次轮回、一次又一次死而复生，或者祈求我们在另一个世界里永生，这些想法都基于成为神明或者圣贤的渴望。在宗教的各种教义中，只有上帝或者神明才是不朽的，并能世世代代永生。在这里我们不会讨论这些观点的对错，它们是宗教对生活的一种诠释，也是很多教徒的"生命意义"。我们每个人都不同程度地接受这一意义——幻想自己成为上帝或圣人。就连一些无神论者也想征服上帝，甚至想要上帝对自己俯首称臣。不难看出，这是一种特别强烈、特别激进的优越感目标。

优越感的目标一旦被确定，个人就不会在生活方式上踌躇不前。每个人的生活习惯，甚至是怪癖，在其实现特定人生目标的道路上都呈现出绝对正确的表现，而且是完美无缺的表现。每一个问题儿童、每一个精神病患者、每一个酗酒者、每一个罪犯、每一个性变态者都采取了他们自以为最适当的行动,来实现他们的优越感目标。他们不能克服他们的变态心理,因为他们树立了这些变态的人生目标,会不惜一切代价去实现这些目标。

在一所学校里,有个男孩是班上最懒的学生。有一次,老师问他:"为什么你的功课总是那么差?"他回答:"老师你从不把精力放在好学生的身上。他们上课不捣乱,把家庭作业做得很好,你关心他们做什么?如果我是班上最懒的学生,你会一直把注意力放在我身上。"从这个事例来看,只要这个孩子的目标是引起老师的注意,他就绝不会改变自己的学习习惯。对他来说,放弃懒惰的坏习惯是不可能的,因为他必须这样做才能达到自己的目标。相反,如果有一天他改变自己的行为模式而变得勤快,那在他眼中才是愚蠢的行为。

这所学校里还有一个与其性格相反的孩子,在家里,他是一个很听话的男孩,但他似乎有点蠢笨,在学校的各项活动中总是甘居人后,在家里的表现也很平庸。他有一个比他大两岁的哥哥,其生活方式和这个男孩迥然不同。哥哥聪明好动,但生性鲁莽,一天到晚惹麻烦。有一天,有人听到这个小男孩对他的哥哥说:"我宁愿做个笨蛋,也不愿像你这样惹麻烦!"听到这句话,如果我们理解他的人生目标就是避免麻烦,那他的愚钝就是一种装傻的表现。因为他给人留下一种资质愚钝的印象,人们对他的期望值很低,就算犯了错误,也不会因此受到严厉的责备。从他的人生目标来看,他并不是真的愚蠢,而是大智若愚。

目前为止,一般的心理治疗都把上面的例子看作一种病态的症状。无论是医学还是教育或者个体心理学,都强烈反对这种"装傻"的态度。当一个孩子在数学这门学科出现严重偏科的时候,如果我们只看表面现象,并试图在知识传授方面针对他,是毫无效果的。也许他真正的目的是想惹数学老师生气，甚至最好被学校开除。如果我们只在功课这点上纠正他，他会寻找新的方法来实现他的目标。这和成年人的一种病态心理完全一样。例如，假设有一个人患有偏头痛，经常因为这个病而缺席一些社交活动。那么这个病将会变成对他有利的一种工具，并会伴随他个人的需要"适当地"发病。偏头痛使得他可以避免让自己直面许多社会问题，能帮他逃离很多讨厌的社交活动。同时，这也给了他一个对下属和家人发火的借口。由此可见，我们怎么能指望他主动放弃这么有效的工具呢？从目前的观点来看，他强加给自己的痛苦，其实是一个聪明的礼物，能够带来他所希望的一切回报。毫无疑问，我们可以用一些心理暗示来"吓跑"这些症状。与此同时，用药物治疗也可以减轻他的痛苦，使他很难再以特定症状来作为借口。但是，只要他的目的不变，即使这种症状痊愈了，他也会寻求另一种症状来代替。换句话说，即使"治愈"了他的偏头痛，他也会遭受失眠或其他新疾病的折磨。只要目标没有改变，他必定会继续寻找可作为新借口的病症。

　　有一种精神病患者可以以惊人的速度摆脱原有症状，然后毫不犹豫地得上另一种新的症状，成为神经系统症状的"大百科全书"，并不断扩大自己对精神类疾病的收集范围。他们偶尔也会阅读心理治疗方面的书籍，但那只给他们提供了很多从前不知晓的心理疾病病例，看完书后，他们马上会得上刚从书中看到的"新疾病"。因此，如果要治愈他们，我们必须探究他们选择患上某种疾病的目的，以及这种目的与优越感目标之间的关系。

　　如果我在教室里放了一个梯子，然后爬上去坐在黑板的顶端，每个目睹我奇怪行为的人都会想："阿德勒博士终于疯了？！"这样想是因为他们不知道梯子是干什么用的，不知道我为什么要爬梯子，也不知道我为什么要坐在这么不雅观的位置上。但是如果他们知道："阿德勒博士想坐在黑板的顶端，是因为如果他不能站在其他人之上，他会感到自卑。只有低头看着他的学生时，他才会有种安全感。"他们就不会认为我疯狂了，因为我用了一种非常明智的方法来实现我的具体目标。梯子似乎是一个非常合理的工具，而且我也按照计划做了。我的疯狂行为只有一个目的，那就是追求高处的优越感。只有当某些人以一种令人信服的雄辩，使我相信我的具体目标选错了时，我才会改变自己的行为。但如果医生只是头疼医头，采取把梯子拿走的治疗方法是行不通的。我的人生目标不变，即便梯子被拿走了，我也会继续搬把椅子，再度爬上去。如果椅子也被搬走了，我就用跳跃的方式，或者依靠自己的爬树技巧爬上去。这就是每个精神病患者的真实写照，他们一直都在用自以为正确的方式去生活——这没什么错。我们需要改进的是他们的具体人生目标。随着目标的改变，他们的心理习惯和生活态度也会改变。不必担心他会继续沿用旧的习惯和态度，因为与他人生及新目标相适应的生活习惯和态度将取而代之。

我给你们举个例子。一名30岁的女性因焦虑无法与他人沟通，她向我寻求帮助。她无法处理好与别人的关系，没法找到一份很长久的职业，所以仍然依靠家庭其他成员的接济生活。她偶尔也会接到一些工作，如文员或秘书，但她命运不济，遇到的雇主总是试图向她求爱，她很烦恼，不得不一次又一次地辞掉工作。然而，一旦她找到了一份老板对她不感兴趣的工作，她又会觉得受到轻视，然后愤怒地辞职。找我之前，她已经接受了8年的心理治疗，但这些治疗并没使她更容易与人相处，也没有为她带来一份可以谋生的长远工作。

在治疗过程中，我一直在追踪她的人生轨迹，一直追溯到她呱呱坠地那一年（如果不学会如何理解一个孩子，就不可能了解一个成年人）。据我了解，她是家里最小的女儿，小时候就生得可爱漂亮。同时，她也是一个娇生惯养的孩子。那时，她父母的经济状况非常好，只要她提出要求，就一定能得到她想要的东西。我听到这里，故意说："听起来，小时候的你就好像一位公主一般。""是的，"她回答说，"那时每个人都叫我公主！"当我问她人生最初记忆时，她说——

四岁的时候，我记得有一次走出家门，看到很多孩子在玩游戏。他们一起跳起来，大声喊道："巫婆来了！"我非常害怕。当我回到家，我问老仆人女巫是否真的存在。她说："真的，到处都有女巫、小偷和强盗，他们都想害你。"

从那以后，她非常害怕被单独留在家里，这种恐惧延续了她的整个人生。她总是觉得自己不够强大，不能离开家单独生活，她的家人不得不特别留心她，照顾她生活的每一个方面。

她的另一个早期记忆是："我曾跟着一位男性钢琴老师学习钢琴。有一天上课时，他试图亲吻我。我大惊失色，于是停止弹钢琴，并哭着跑去告诉母亲。从那以后，我再也不想弹钢琴了。"

通过这件事她警告自己要与男人保持一定的距离，她的性观念发展确立了"避免爱情纠缠"的目标，认为爱是软弱的表现。在这里，我必须提醒读者，有很多人在爱情的旋涡中感到脆弱。某种意义上说，他们的这种看法是正确的。当人们处于热恋期间时，通常会变得非常温柔，我们对另一个人的爱慕的确会给我们带来很多麻烦，因为我们会把自己不好的一面隐藏起来，并在结婚后暴露无遗。只有那些优越感目标是"我永远不会软弱，永远不会让别人知道我的隐私细节"的人，才会避免爱情的相互依赖。因为这种人总是远离爱情，不会接受爱情。我经常能看到这一幕——当感到有坠入爱河的危险时,他们会把情况弄得一团糟。他们嘲笑、奚落、取笑那些可能会反对他们陷入爱河的人。这是他们避免自己沦陷到虚弱地位中的手段。

当这个女孩想到爱情和婚姻问题的时候,她感到非常害怕。因此,当她从事某一职业时,如果一个男人向她求爱,她就会惊慌失措,除了逃跑,她别无选择。当她还在学习如何处理这些问题时,她的父母相继去世,她的避风港瓦解了。她千方百计地去骚扰亲戚,让他们继续照顾自己,但事情并不顺利。不久,她的亲戚们对她感到厌倦,不愿意继续照顾她。她生气地责骂他们,告诉他们让她一个人待着是多么危险,亲戚们只好退让了。就这样,她暂时避免了孤独的悲剧。我敢肯定,如果她的亲人不再为她操心,她会发疯的。实现她的优越感目标的唯一方法就是强迫她的亲人帮助她,把她从生活中的所有问题中拯救出来。在她的脑海里,有这样一个偏执的想法:"我不属于这个星球。我属于另一个星球,我是另外一个星球的公主。可怜的地球人不知道我是谁,也不知道我的重要性。"按理说,她这种情况如果继续发展下去,最终一定会走上发疯的道路。只是由于她自己有点小聪明,而且她的朋友和亲戚们也还愿意照顾她,所以她没有走到"发疯"的那一步。

我再举另一个例子,也可以清晰地看出自卑情结和优越感情结对人们生活的影响。有一位16岁的女孩被送到我这里,她从7岁起就开始偷东西,12岁的时候就在外面和男孩子过夜。在分析她人生轨迹的时候我发现,当她两岁时,她的父母经过长期的激烈争吵终于离婚了,她是在外祖母家由母亲带大的。外祖母非常疼爱她。她出生的时候,正是父母之间的争吵达到最高潮的时候,所以母亲对她的出生非常不高兴。她从来就不喜欢她的女儿,母女之间的关系一直紧张。

当那个女孩来找我时，我和她进行了友好的交谈。她告诉我："其实，我并不喜欢偷别人的东西，也不喜欢和男孩子一起闲逛。我这样做，只是为了让我母亲知道她根本就管不了我！"

"你这样做是为了报复吗？"我问她。

"我想是的。"她回答说。她想证明自己比母亲强大。但是，之所以会萌生这样一个目标，是因为她觉得自己比母亲弱。她觉得母亲不喜欢她，所以有自卑感，认为能确保自己优越感的唯一方法，就是到处惹是生非。所以，有小偷小摸行为的儿童往往都是受到报复心的驱使。

还有这样一个案例。一名15岁的女孩失踪了8天，当她被发现后，被带到了少年法庭。在那里，她编造了一个故事，说她被一个人绑架了，然后被关在一所房子里长达8天之久。但是，没有人相信她的话。一名心理医生和颜悦色地要她说实话，她却非常生气，因为医生不相信她的谎言，所以她打了他一巴掌。后来，她被送到我这里。

当我看到她的时候，就问她将来想做什么，给她一种"我对她将来的命运感兴趣，我可以帮助她"的印象。当我问她以前做过什么梦时，她笑着说："我在一间地下酒吧里。当我出来的时候，遇到了我的母亲。不久，我父亲也来了。我要求母亲把我藏起来，不要让父亲看见我。"她的父亲很严厉，经常惩罚她。她害怕父亲，却又一直和他作对，经常因为害怕被惩罚而被迫撒谎。

当我们处理说谎案例时，必须看看这个人家中是否有一对严厉的父母。谎言没有任何意义，除非说谎的孩子认为说出真相自己会有危险。另外，我也可以推断出这个女孩跟她母亲的关系不错。后来，她告诉我，她被一个男人引诱到了一家地下酒吧，在那里待了8天。她不敢说出真相，因为怕她父亲知道后惩罚她。但同时她又希望他知道发生了什么事，想让父亲为之愤怒。她觉得自己受到了父亲的压迫，只有当她伤害他的时候，她才能体会到报复他的滋味。

我们要做些什么来帮助这些用错误的方式追求优越感的人呢？如果理解追求优越感是所有人的通病，那么这件事就没有想象中的那么难了。知道了这一点，我们就能理解他们的挣扎。他们唯一的错误是，所有的努力都贡献给了生活中最没有意义的一面。人类每一种行为背后都隐藏着对优越感的追求，而这种追求正是人类文化进步的源泉。所有人类活动都沿着这条伟大的行动路线前进——从下到上，从消极到积极，从失败到成功。然而，真正能处理好自己生活难题的人，往往是那些在奋斗过程中也能表现出帮助他人倾向的人，他们追求优越感的方式也能造福他人。如果我们这样对待患者，会发现改变他们的人生轨迹并不难。所有对人生价值成功与否的判断，最终都建立在是否被社会大众认可的基础上，这是人类最大的共同点。我们对行为、理想、目标、行动和性格特征的要求，都是为了让它们必须有助于人类的集体利益。要找到一个完全没有社会观念的人是不可能的，这是一个连精神病患者和罪犯都知道的公开秘密。从他们不顾一切地为自己的生活方式辩护，并将责任推卸给他人等行为中，可以清晰地看出这一点。然而在生活中，他们已经失去了勇气，没有办法继续保持服务他人的一面。严重的自卑情结告诉他们："你不可能在与他人交往、合作中得到任何有意义的东西。"他们回避生活中真正的问题，与虚无的阴影作斗争，以此来证明自己的力量以及优越感。

不同的劳动分工可以产生不同的具体目标。正如我们所说，每个目标都可能包含一些错误，我们总能在目标中找到一些负面的东西。对一个孩子来说，他的优越感可能来源于优异的数学成绩；对另一个孩子来说，他可能具有优秀的艺术天赋；对于第三个孩子来说，他的优越感可能体现在强壮的身体条件上。

一个消化不良的孩子可能觉得他面临的主要问题是营养问题，所以他的兴趣可能转向食物，因为他觉得这样做可以改变他的身体状况。因此，他长大后可能会成为一名专业厨师或营养学家。一些身体上的训练可以对自己的性格进行查漏补缺。例如，为了能够更好地思考和写作，作家们经常远离社会，闭关创作。

只要一个人的优越感目标中包含高度的社会责任感，他就不会在人生中犯下太多的错误。

第四章　最初记忆

在所有的心理现象中，最能显露其内心秘密的，是这个人所拥有的记忆。记忆是人们终身携带的东西，是能让他回想起自身的局限性和所经历的环境意义的载体。

一个人为达到他的优越感地位所做的努力，是其整体人格的关键。知道了这点，我们就可以在精神生活的每一个小细节处，看到其人格特点。我们从两方面理解生活方式。首先，可以选择任何行为来进行我们的研究。无论选择哪一种，结果都是一样的，都能显示出其人格的核心动机。供我们观察分析的材料非常丰富，每一个字、每一个想法、每一个感觉、每一个手势都有助于加深我们对此人生活方式的理解。其次，某个人的某种表现可能只是他不小心犯的错误，所以我们要把它看作是整体的一部分来理解它的意义，不能只依据某人的单一表现方式而对这个人的生活方式作出最终结论。我们就像一群考古学家，拼尽全力寻找陶器的碎片、建筑物的断壁残垣、古书的书页，然后从这些残余物中推断出一座被破坏了几千年的城市的原貌。只不过，我们看到的不是被摧毁的废墟，而是人类内部结构的精神层面。换句话说，通过持续不断的行为方式，可以推断出一个人的人格以及他所坚持的生命意义。

全面地认识一个人并不容易。在所有的心理学知识中，个体心理学可能是最难学习和最难应用的。我们必须集中精力，对研究对象的所有表面行为都持一种怀疑态度，学会从细节中获得灵感。比如，一个人进入房间时的表现，他与别人祝贺时握手的方式，微笑时的样子，走路时的姿势等。某些时候，我们可能会被一些假象迷惑，但分析对象其他方面的表现方式必然会帮助我们作出最终判断。心理治疗本身就是一种合作的练习和实验，必须设身处地为患者着想。只有当我们真正对患者感兴趣时，才有可能完全治愈对方。患者也必须尽他的一份力量来增进我们对他的了解，同时我们必须把他的态度和他面临的困难结合起来综合考量。所以，除非像他对自己了如指掌外，即使我们自以为对患者的了解足够充分，也不足以证明我们对他的评估是正确的。不能全面地概括所有现象的理论一定不是真理。如果患者的病情出现反复，表明我们对他了解得还不够。也许因为忽视了这一点，心理学的其他学派提出了"消极和积极情绪转移定律（Negative and positive transference）"等概念，而这些概念从未涉及个人心理治疗。纵容一个习惯了放任自流的病人可能是亲近他最简单的方法，但明显助长了他控制别人的欲望。可要是我们轻视他、忽视他，则很容易引起他的敌意。他可能会用终止正在进行的治疗或希望我们道歉的方法来证明他的生活方式是正确的，然后才肯继续接受治疗。其实，纵容或轻视都不是治愈他的良方。正确的方式是，我们要让他知道，一个人应该对自己的其他同类感兴趣。没有什么情感能比这个更真实、更客观。为了他的幸福，也为了别人的利益，他必须和我们合作找出他的病根。我们不应该冒险等待病人突然出现令人兴奋的"转变"，也不该假装权威武断地拟定治疗方案或不负责任地将病患置于进退两难的境地。

记忆绝非偶然存在于人的脑海中，它是主人公在他人生无数印象中挑出的最重要事件。因此，记忆代表了某个人的"人生故事"，他反复用这些故事来警告或安慰自己，专注于自己的人生目标，并通过分析过去的经验来为未来做好准备。我们很容易就能观察到人们如何利用记忆来调节他们的情绪：如果一个人感到沮丧和哀伤，他就会回忆起过去的失败；如果他在现实生活中非常忧郁，那么他所有的记忆都会染上忧郁的色彩；但若他是一个快乐勇敢的人，则会选择完全不同的记忆，所有的记忆都会使他感到快乐愉悦，反过来又增强了他的乐观精神。同样，如果乐观的人觉得自己面临困境，他会唤起各种各样的记忆来帮助自己调整思维来应对这些问题。因此，在心理学上，研究人的记忆与研究人的梦境具有同等的参考价值。当面临一个重大抉择时，许多人都会梦见自己从前经历过的考试。他们想要从梦中回到过去，重温那种成功过关的精神状态。在一个人的生活方式中，情绪的变化、结构的平衡都遵循着同样的原则。患抑郁症的人如果能回忆起他们过去成功和自豪的日子，就不会感到沮丧。但可惜的是，他们经常告诉自己的却是："我的一生都很不幸。"然后，他只会选择回忆起那些不幸的事件。记忆永远不会与生活的现状相抵触，如果一个人的心理暗示是觉得"别人一直在侮辱我"，他就会选择回忆起那些被别人侮辱的事件。但如果生活方式改变了，记忆也会跟着改变，他会记住完全不同的事情。或者，他会对所记住的事情做出不同的解释。比如说，他会觉得那记忆虽然痛苦但很有价值。

人的最初记忆尤其重要。首先，它可以显示出造成这个人目前生活方式的根本原因，以及最简单的表现形式。人们可以通过最初记忆，判断一个具有心理问题的孩子到底是被宠坏了，还是经常被忽视；他能和别人合作到什么程度；他愿意和哪些人合作；他的人生中到底遇到了什么问题；他又会如何处理等。

如果一个孩子有视觉障碍，后来经过训练之后，病情大为好转了，我们就可以在他早期的记忆中看到许多视觉印象。他一般这样开始讲述自己的童年记忆："我向四周看去……"或者他会向你描述物体的各种颜色和形状。

那些腿脚不灵便的孩子，从小就遭遇运动困难的困扰，所以，在他们的记忆中会表现出对"跑跑跳跳"的浓厚兴趣。

被早期记忆记录下来的事件，肯定会与这个人的主要生命目标非常接近。如果我们知道他的主要生命目标，就能知道他的生活目的和生活方式。这一事实也使得最初记忆在职业心理治疗中发挥了至关重要的作用。此外，我们也可以在这些记忆中看到孩子和父母以及其他家庭成员之间的关系。有一点需要注意，记忆并不一定完全准确。但是，记忆是否准确并不重要，它们最大的价值在于代表了个人对自己人生的判断——"我从小就是这样"或者"从小时候开始，我就是这样看世界的"。

所有记忆中，最具启发性的是患者讲述故事的方式以及他所能记得的最初记忆。最初记忆可以展示一个人最基本的人生观，这是他人生态度的雏形。这给我们提供了一个一眼就能看出他为何秉持现在生活态度的机会。有时候，人们声称自己无法回答这个问题，或声称他们不记得到底什么才是自己人生中的最初记忆，但这个行为本身就很有启发性。可以推断，他们不愿意讨论自己的最初记忆，或者不愿意与心理医生合作。一般来说，人们喜欢谈论他们最初的记忆，大家一般会认为这是一个单纯的事实，根本没有想到背后还有心理学上的隐藏意义。很少有人真正了解他们的最初记忆蕴含的意义。我们必须非常详细地研究人们的最初记忆，因为它们包含了太多的信息。对于大多数人来说，他们脑中这些最早的人生记忆中，揭示了他们的生活目的、人际关系以及他对这个世界的看法。

我曾经让一群学生写下他们的最初记忆，只要能懂得如何解释它们，就会得到关于每个孩子非常有价值的信息。

为了能清晰地向读者解释最初记忆问题，让我举几个与最初记忆有关的例子并加以解释。首先声明，除了这些孩子们的最初记忆，我对他们的人生一无所知，甚至不知道他们是大人还是小孩。事实上，如果要分析他们最初记忆的意义，应该与他们性格的其他表现相对照才会准确。但现在，我们只是在训练自己的推测能力，所以并不对此做出太多的要求。我们只要求通过比较不同的最初记忆，就知道什么是正确的解读方式。我们的目的是从中看出下面几个方面的问题：一个人在生活中被训练得善于合作还是自我封闭？面对困难的时候，他会鼓起勇气，还是胆怯沮丧？面对生活环境，他想要得到的是支持和照顾，还是自信和独立？面对人际关系，他通常是给予别人的一方，还是接受帮助的一方？带着这些目的，我们来看看这些学生们的最初回忆。

第一段回忆：

有人以这样的讲述开头："因为我妹妹……"

首先我必须提醒读者们，要特别注意出现在最初记忆中的人物是谁。当妹妹这个人出现的时候，我们可以得出结论，讲述者的人生已经受到了妹妹的严重影响，妹妹为他的人生投下过阴影。根据以往的经验，接下来我们可能会发现他们之间存在着竞争关系，就好像是在一场比赛中互相竞争的选手一样。不难理解，这种敌意将贯穿于他们的整个人生。当一个孩子对别人充满敌意时，他可能不会再对这个人感兴趣。当然，不应该过早下结论。也许他和妹妹是好朋友呢？让我们继续看下去。

"我妹妹是家里最小的孩子。那时候我不能出去上学，直到她长大到一定年龄才可以去。"

如今，回忆中的敌意已变得显而易见。"我妹妹挡住了我的路！她比我小，所以我必须等她长大后才能去上学，她限制了我上学的机会！"如果这就是这段记忆的真正含义，那我们可以想象到这个男孩或女孩会有这样的感觉："我生命中最大的威胁是妹妹，她妨碍我自由发展。"在这里，我认为这段回忆的主人公很有可能是一个女孩，因为男孩似乎很少受到这一类消极情绪的困扰。

"结果我们在同一天一起上学。"如果回忆的主人公是一个女孩，从这句话来看，我们可以认为这不是一个女孩应该拥有的最好回忆。这段回忆给她留下的印象可能是，因为她年纪大一点，不得不等待她的妹妹长大才能做别的事。不管是在哪方面，通过这段回忆，我们都可以看到这个女孩的消极情绪。她觉得因为妹妹的缘故自己被忽略了。她把这种疏忽归咎于某人，根据我的猜测极有可能是她母亲。如果她因此变得更依恋父亲，想成为他的宠儿，那不是一件值得惊讶的事情。

"我清楚地记得，开学第一天，母亲告诉她能遇到的每个人，她曾感到多么孤独。她说：'那天下午，我在大门口来来回回地走，盼望着女儿们放学。我一直担心她们不会再回来了。'"

这是女孩对她母亲的描述，从中我们可以看出这位母亲的行为不是很理性。这位女孩对她母亲的看法是"害怕我们再也回不来了"，很显然，这位母亲非常慈爱，她的女儿们也能感受到她的爱。但同时她也很紧张和焦虑。如果我们能和那个女孩面对面地交谈，她可能会长篇大论地投诉母亲对她妹妹的偏爱。事实上，这种偏爱并不奇怪，因为最小的孩子一般都是家里最受欢迎的孩子。从这个女孩的最初记忆中，我可以得出这样的结论：两姐妹中较大的那位孩子将妹妹摆在了敌对立场上，她认为妹妹阻碍了自己的发展。在以后的生活中，我们可能会发现嫉妒或者竞争的迹象。这位女孩长大后，可能会对比她年轻的女人有偏见。生活中总会有些女人感觉自己太老了，对年轻的女子横挑鼻子竖挑眼。甚至很多事业有成的女强人也会觉得自己不如小女孩风华正茂，从而产生嫉妒心理。

第二段回忆：

"我最早的记忆是参加祖父的葬礼，那时候我才三岁。"

这是一个女孩写的。祖父的死给她留下了深刻的印象。这段最初回忆对这位女孩造成了什么影响？或许她会认为死亡是生命中最大的危险以及不安情绪的源头。她从自己童年"祖父去世了"的经历中得出了这个结论。我们也能从这段回忆中发现她可能是祖父的宠儿，祖父一直都很爱她。一般情况下，祖父母似乎总是溺爱孙子孙女。他们不需要像孩子的父母一样承担教育孩子的责任，同时他们想要儿女们的孩子依附于他们，以此证明他们没有老，而且他们仍然可以得到温暖。如今的社会文化很难让老年人感到被重视，有时他们会用简单的方式来表达反抗——比如对子女乱发脾气。说到这儿，我们可以很容易地得出结论：这个女孩小时候，她的祖父非常爱她。祖父的爱让她对祖父有着深刻的记忆。所以，当祖父去世的时候，她受到了沉重的打击。

"我清楚地记得祖父躺在棺材里，脸色苍白，身体僵硬。"

我认为允许一个三岁的孩子看尸体是不明智的行为。至少，应该让孩子们在看尸体以前做好心理准备。孩子们经常告诉我，他们对死者印象深刻，永远不会忘记他们，就像这个女孩没有忘记她的祖父一样。有此种经历的孩子在日后的成长过程中，会竭力试图消除或克服对死亡的恐惧，他们的志向常常是成为一名医生。因为在他们的印象中，医生接受过比其他人更多的与死亡作斗争的训练。如果我们要求医生们说出他们的最初记忆，那通常是一些与死亡有关的记忆。"躺在棺材里，脸色苍白而身体僵硬"——这些都是可见到的记忆，我猜想这个女孩也许是视觉类型回忆者，对眼睛看到的世界特别感兴趣。

"然后我们全都聚集到坟墓那儿去。当棺材被放进坟墓的时候，我记得绳子从那个粗糙的盒子下面被拉了出来。"

这个女孩把她所看到的景象完完整整地再现出来。我更加相信了自己的猜想：她确实是视觉类型回忆者。

"这段经历让我非常不舒服，每当我听到我的亲戚、朋友或熟人去了另一个世界的消息，我都会害怕得发抖。"

我再一次注意到死亡给她留下的深刻印象。如果有机会和她交谈，我会问她："你将来想做什么？"她的回答极有可能是"医生"。如果她不能回答或回避这个问题，我就给她一个提示："你不想当医生或护士吗？"她或许也会给出一样的答案。另外，她说"去另一个世界"的原因是为了补偿对死亡的恐惧。从她所拥有的最初记忆中我们知道，她的祖父对她很好。她是视觉类型回忆者，死亡在她的心灵中扮演了非常重要的角色。她从生活中得到的启示是："我们都会死。"当然，这是一个不可避免的事实，但一个人的主要兴趣绝不能只放在担忧死亡这方面，还有很多其他愉快的事情，值得我们把精力投放进去。

第三位受访者的回忆：

"当我三岁那一年，我的父亲……"

从讲述的开端，她父亲的身影就出现了。我马上得出"这个女孩对她的父亲比对她的母亲更感兴趣"的结论。因为孩子对父亲产生兴趣应该发生在人生发展的第二阶段才对。孩子从出生开始总是先对母亲感兴趣，因为在最初的一两年里，她和母亲的合作关系非常密切。孩子需要母亲，依附于母亲，她所有的精神活动都依附于母亲。如果她求助于她的父亲，那么意味着，在她看来母亲是一位失败的母亲，孩子已经对当时的处境不满意了。一般说来，出现这种现象的根源，通常是家里有更小的孩子出生了。如果在接下来的记忆中看到一个新生儿出现，那就证明我的猜测是正确的。

"父亲给我们买了一对小马。"从这段话里可以看出，讲述者的家里果然不止一个孩子。我们必须注意另一个孩子在记忆里面扮演了什么角色。

"父亲牵着马的缰绳，把它们带到我们这里。我姐姐，比我大三岁……"

看来我必须修正原来的解释。原以为出现在这位讲述者回忆中的孩子要比她小，但实际上这段回忆的主人公更年轻。也许她姐姐是母亲的宠儿，这就是为什么这位回忆的女孩会先提到她父亲的礼物。

"我姐姐用缰绳牵着马，骄傲地走在街上。"这是她印象中姐姐胜利的样子。

"我的马紧跟在姐姐的马的后面。但她跑得那么快，我最终也没能赶上她。"——这段回忆的潜台词是她的姐姐永远走在前面。

"我跌倒了，马把我摔在地上。这段经历从快乐开始，以悲剧结束。"——她姐姐赢了，占了上风。

"如果我不小心，我姐姐就总是占上风。那样我会被她打败的，我将被打倒在地。唯一安全的方法就是领先。"从这段话里我们可以猜测，她的姐姐已经赢得了她母亲较多的喜爱，这就是为什么她会将兴趣转向她的父亲。

"从那以后，我就勤学苦练。虽然我的骑术已经比姐姐好得多，但依然无法弥补我最初的遗憾。"

现在我们所有的假设都得到了证实。这两姐妹之间确实存在着竞争关系。这位女孩每时每刻都在想："我已经落后了，必须迎头赶上。我必须超过其他人。"正如我以前说过的，在年幼的孩子生活中经常会有一位竞争对手，他们总想要打败这位对手。这个例子就属于这一类现象。女孩的最初记忆强化了这种态度，时刻叮嘱她："如果有人在你前面，你就有危险了。你必须永远是第一。"

第四段记忆：

"我最早的记忆就是姐姐带我去参加各种聚会和社交活动。我出生时她大约18岁。"

作为记忆主人公的这个女孩很早就知道她是社会的一部分。我们可以从这段记忆中发现，她比别人更懂得如何跟别人合作。姐姐比她大18岁，在她心目中就像母亲一样。由此可以推断出，姐姐是家里最喜欢她的人。似乎这位姐姐曾经用一种非常聪明的方式把孩子的兴趣延伸到别人身上。

"因为在我出生之前，我姐姐是家里五个孩子之中唯一的女孩，所以她喜欢带我四处炫耀一番。"

读到这里，我觉得这段回忆看起来并不像我之前所想得那么好。当一个孩子习惯于炫耀时，她感兴趣的事情可能会变成"被欣赏"，而不是充分发挥她的才能。

"所以当我很小的时候，就被她带到很多地方。在那些派对上，我唯一记得的是，我姐姐曾经多次强迫我：'跟这位女士说说你的名字'诸如此类。"

这是错误的教育方法。如果这个女孩因此出现口吃或语言障碍等症状，我丝毫不会感到惊讶。口吃的毛病通常是过度想引起别人注意自己说话的结果。她过分地在乎自己，不能承受这种压力，不能自然地和别人交谈，所以希望别人能更多地了解她。

"我还记得，当我不能按她的要求说话时，回家总会被骂，所以我变得讨厌出去和人交流。"看来，我最初时对这段回忆的解释必须彻底进行修正。现在，我终于发现她最初记忆中隐藏的含义："我被强行带去与他人进行接触，但我发现这是一段非常不愉快的经历。因为这些不愉快的经历，我开始讨厌社交活动。"可以想象，即使是现在，记忆的主人公仍然不喜欢和别人交往。我们可能会发现她太关注自己，觉得自己必须要成为一位值得炫耀的人。她背负的责任太多了，从小就被训练成自以为与众不同的人，这样常人很难接近她。

第五段回忆：

"在童年时期，有一件事在我的记忆中占据了非常突出的位置。大约四岁时，我的曾祖母来看我们。"

上文中我们说过，祖父母经常溺爱孙子孙女，但没有讨论过更早一辈的曾祖母如何对待他们。

"她来看我们的时候，我们要拍一张四代同堂的照片。"从这段记忆来看，这个女孩对她的家庭很感兴趣。因为她清楚地记得曾祖母的来访以及她和他们一起拍的照片。由此我们可以推断出，她对她的家庭非常依恋。如果这个猜测是对的，我们会发现她的合作能力很难超越她的家庭圈子。

"我记得很清楚,我们开车去了另一个城镇,到达照相馆时,我换上了一件白色的刺绣连衣裙。"也许这个女孩也是视觉类型回忆者。

"在我们四代人一起拍照之前,我和弟弟单独拍了一张照片。"

我们又看到她对家庭内部关系掩饰不住的兴趣。弟弟也是家中一员,接下来很有可能还会听到更多关于她和他的故事。

"他坐在我旁边椅子的扶手上,手里拿着一个鲜红色的球。"这个女孩又想起了她所看到的情景。

"我两手空空地站在椅子旁边。"现在我们终于看清了女孩回忆中隐藏着的主要情绪。她不断地对自己说弟弟比自己更受宠爱。我们完全有理由怀疑,当弟弟出生并取代她成为"最小的孩子"和"最受宠爱的孩子"时,她可能非常不高兴。

"他们让我们笑。"

她想表达的意思是:摄影师想让我笑。但是我有什么值得高兴的事情呢?他们把我弟弟放在一个显眼的宝座上,给了他一个鲜艳的球。但他们为什么不给我点什么呢?

"然后他们开始给我们拍摄四世同堂的家族照。家里每个人都想把自己打扮得最好,除了我。"从这段话来看,她显然是在抗议家人对她不够好。在这最初记忆中,她试图告诉我们,她的家人是如何对待她的。

"当他们让弟弟微笑时,他笑得那么甜,看起来如此聪明。从那以后我就讨厌拍照了。"

她的记忆使我们想起大多数人应付生活的方式——当得到一种最初印象之后,我们总是喜欢用它来解释其他事情。情况越来越明显,她对拍摄这张照片的过程心存芥蒂,并且从那时起就讨厌拍照。

我们经常发现这样的情况:当一个人讨厌某件事物并想要找到厌恶

的原因时，他通常会从自己过去的经历中挑出一些原因来解释它。这段最初记忆为我们提供了主人公性格中的两个重要暗示。首先，她是视觉型回忆者。第二点更关键——她非常依赖她的家庭。她所有的早期记忆都发生在家庭圈子里。因此，她不太可能适应社会交际生活。

第六段回忆：

"我最早的记忆是三岁半时发生的一次事故。一位为我父母工作的女孩把我们带到地下室，给我们喝苹果酒。我们非常喜欢这种酒。"

在地窖里找到苹果酒的经历一定很有趣，这应该是一次冒险行动。如果我们现在要进行推断，可以从下面两个猜测中选择一个。第一，也许这个女孩非常喜欢投入新的环境，处理生活中出现的问题时充满了勇气。第二，她的回忆或许还有别的意思：有许多居心叵测的人会引诱我们，把我们引向堕落的深渊。到底是哪一种可能，剩下的记忆将帮助我们做进一步的判断。

"过了一段时间，我们决定尝试找更多的葡萄酒来喝，然后我们就这样做了。"

从这段文字我们可以看出，这是一个勇敢的女孩，她想要独立自主。

"酒过三巡，我的腿就不太灵便了，失去了活动能力。而且，由于我们把苹果酒倒得满地都是，地下室变得很潮湿。"看到这里，我仿佛目睹了一位禁酒主义者的诞生！

"我不知道这次事故是否是导致我不喜欢葡萄酒和其他酒精饮料的罪魁祸首。"一个小小的意外成为这位女孩整个生活态度改变的导火索。如果只用常识去想象，可能不足以做出这次意外是否导致这样结果的判断，但这位女孩却把这当成她厌恶酒精饮料的原因。我们推断她可能是一位善于从错误中吸取教训的人。她应该非常独立,并有足够的勇气去改正她的错误,这个特点将影响她的一生。她的座右铭或许是:"我可能犯了一个错误。但当我发现错误的时候,会马上改正它。"如果情况真是这样,她将会成为一个积极进取、勇于奋斗、不断改善自己处境、永远在寻找更好生活方式的好榜样。

　　以上的一些例子,只是用来训练我们根据最初记忆来分析主人公的性格,并非科学的结论。必须对主人公人格的其他方面进行全面分析,才能确定此前的结论是否正确。现在,让我们看几个真实的例子,从患者人格的各种表现中,尝试寻找其一致性。

　　一位35岁的神经焦虑症患者走到我面前,说每当他离开家的时候就会感到焦虑,这使他很难找到工作。有时勉强找到一份糊口的工作,可一进办公室,他就开始感到焦虑,直到晚上回家和母亲坐在一起时才会感到放松。当我问他最初记忆是什么的时候,他说:"我记得四岁的时候,总会坐在家里靠窗的位置,看着街上那些人工作,觉得很有趣。"他喜欢看别人工作,但只限于坐在窗边看,没有想要参与进去的意思。如果想改变他的精神状态,必须改变这种不想和别人一起工作的想法。如果他觉得活下去的唯一方法就是不断从别人那里索取帮助,那我们必须想办法改变他全部的人生观。这个时候苛责他完全没有意义,也无法用药物或摘除他分泌腺的方法来改造他。从分析最初记忆得到的资料,我认为让其换一份感兴趣的工作的治愈效果更好。另外,我发现他患有严重的近视,这是一种需要高度集中关注力才能看清事物的身体缺陷。当他遇到职业问题时,总是把精力集中到"看",而不是"工作"上面。其实这两方面并非南辕北辙,是可以结合在一起的。康复之后,他开了一家画廊。就这样,他也为我们的社会做出了自己的贡献。

一名32岁的失语症患者来我这里寻求治疗。除了小声嗫嚅外,他什么也说不出来,这种情况已经持续了两年。两年前,他踩到香蕉皮摔倒时撞到了出租车车窗。他呕吐了两天,后来开始出现偏头痛。从那时起他就很难像正常人一样说话。毫无疑问,他只是得了脑震荡,对喉咙没有产生任何物理损伤。根据现代医学的观点,脑震荡也不足以损害他说话的能力。但在当时,他一连八天说不出话来。因为这次事故,他向法院提出了上诉,直到今天这场官司依然没有结果。他把整个事件归咎于那位出租车司机,并要求出租车公司赔偿。不难理解,如果他在事故中丧失了一些身体机能,就会在诉讼中占有一个更好的位置。我不是说他有意装病欺骗法官,也可能是因为事故后,他发现虽然说话困难,但觉得没有必要去改变的缘故。

这位病人去找了一位著名的咽喉专科医生,但这位专科医生发现他没有任何问题,于是建议他来找我。当我问他的最初记忆时,他这样说:"我躺在摇篮里,那摇篮前后摇晃得很厉害。我记得目睹钩子脱落导致摇篮掉下来,我受了重伤。"没有人喜欢摔到地上,但他过分强调了这次跌倒。他的注意力完全集中在摔倒的危险上,这才是其最感兴趣的回忆部分。

"当我跌倒时,母亲惊慌地推开门跑了起来。"他努力想引起母亲的注意,这段回忆也是对母亲没有照顾好他的一种谴责。同样,他现在认为出租车司机和汽车公司也犯了类似的错误——他们总是希望别人承担责任。

"五岁的时候,我从20英尺(1英尺大约等于0.3048米,译者注)高的楼梯上摔下来,头上还卡着一块木板。在长达五分钟的时间里我没办法说话。"

从这段话中我们发现，这个人似乎习惯间歇性地丧失说话的能力，可能是把摔跤当作拒绝说话的理由。没人会认为摔跤是失语的原因，但他自己深信不疑。在摔跤这方面他有丰富的经验，所以每次摔倒时就会自动失声。如果要治愈这个问题，必须让他知道自己犯了一个错误：跌倒和失去说话能力之间没有任何关系。还要让他意识到，在一次事故后的两年时间里，老是过着喏喏作声的生活是十分愚蠢的行为。

同时，这段记忆也告诉我们为什么他很难改变"摔倒就失语"的这种思维模式。"母亲马上冲了出来。"他继续，"她看起来很紧张。"在这两起事件中，他的摔倒把母亲都吓坏了，并成功地引起了她的注意。他是一个想被溺爱、想成为别人关注焦点的孩子。这样就可以充分理解为什么他总想让别人为他的不幸买单。其他被宠坏的孩子也会这样做，如果遇到了同样的事故也会借题发挥。但其他人可能不会表现出语言障碍这种情况，这是我这位患者的特殊标志，是他从经验中建立的一部分生活方式。

一位26岁的男性患者来找我，他抱怨自己找不到一份满意的工作。八年前，他的父亲安排他进入经纪行业，但他一直不喜欢这个行业，后来他放弃经纪人工作。他也曾试图找另一份工作，但一直以失败告终。他抱怨自己有睡眠困难的情况，并经常会有自杀的念头。有一次，他离开家到另一个城镇去找工作。不久后，他听说母亲病得很重，就又搬回家和家人住在一起。根据他的说辞，我们怀疑他的母亲非常溺爱他，他的父亲对他却非常严厉，而他的一生都致力于反抗父亲的权威。当我们问他家里还有什么其他成员的时候，他说自己是家中最小的孩子，也是家里唯一的男孩。他有两个姐姐，大姐姐和姐姐几乎都想掌控他，父亲也总挑他的毛病。他深深地觉得全家人都在压迫他，而母亲是他家里唯一的朋友。

他直到14岁才开始上学。后来，他的父亲把他送到了一所农业学校。因为只有这样，他才能在父亲打算买的农场上帮忙。这个男孩在学校表现很好，但他不想成为一个农民。他父亲后来只好让他从事经纪业务。令我感觉奇怪的是，他在这工作上竟然撑了八年。他说，自己能坚持这么久完全是因为母亲。

在童年时光中，他非常懒惰，又胆小，同时害怕黑暗和孤独。一般说来，在我们的印象中，懒惰孩子的背后，肯定有一位习惯帮助他收拾乱摊子的人。如果一个孩子害怕黑暗和孤独，说明有人总是在后面关注他、安慰他。对这位患者来说，扮演这个角色的人就是他的母亲。他觉得与人交朋友是一件很难的事情，反而在与陌生人打交道时会觉得很自在。他从未恋爱过，对爱情丝毫不感兴趣，也不想结婚。他觉得父母的婚姻非常不幸，这也从侧面告诉了我们他不想结婚的理由。

父亲仍然要求他继续滚回去当经纪人。他想从事广告业，但深知他的家人不会给他创业的钱。种种迹象表明，他正在与父亲作对。做经纪人的时候，他的经济条件一定很不错，但他没有想过用自己的钱去学习广告知识。到现在他才想起学广告，并把这看作是对父亲的新要求。

他的最初记忆清楚地显示了一个被宠坏的孩子对他严厉的父亲的反抗。他还记得自己是如何在父亲的餐馆工作的。他喜欢玩盘子，把它们从一张桌子搬到另一张桌子。他玩盘子的样子惹恼了他的父亲，后者他的父亲当着全体顾客的面，一巴掌打在他的脸上。他的这段早期记忆证明了他对父亲怀有深深的敌意，他的整个人生都变成了一场反对父亲权威的战争。他并不是真的想换工作。只要能伤害到父亲，他就心满意足。

他偶尔冒出的自杀想法也很容易解释。每一次自杀都是一种谴责。当试图自杀时，他的潜意识是这样的："我父亲所做的一切都是邪恶的，看他把我逼成什么样子了。"

他对父亲的责备心理也体现在日常工作中。作为一个儿子和下属，他反对父亲提出的每一项工作计划。但他平时娇生惯养，又不能自己创业。其实，他并不是真的想工作，只是在游戏人生。

他与父亲发生争执与他失眠又有什么关系呢？可以试想一下，如果他晚上睡不着，第二天就没有精力去工作。他的父亲等着他开始工作，但他由于失眠精疲力竭，动都动不了。这样，他就可以理直气壮地说："我什么都不想做，父亲总是试图压迫我。"但他又必须考虑母亲和家庭，因为家里的经济状况在逐渐下滑。如果他一直拒绝工作，家人会认为他烂泥扶不上墙，拒绝再帮助他，他必须找到一个借口来解决这个难题。结果，他发现了一种完美的疾病——失眠症。

接受治疗的时候，起初他说从没做过一个梦，但后来他想起了一个经常做的梦。他梦见有人把球往墙上扔，球却一直往外跳。这听起来像一个普通的梦，能在这个梦和他的生活方式之间找到联系吗？

我问他："下一步发生了什么？当球跳离时，你感觉如何？"

"每次它跳开的时候，我就醒过来。"他告诉我们。现在他已经找到了失眠的整个问题所在，他用这个梦作为闹钟叫醒自己。在他的想象中，生活中每个人都推动他朝前走，强迫他去做他不喜欢的事情。他醒来之前，曾梦见有人在往墙上扔球。结果，第二天他变得很累。他父亲急于让他去工作，但是他感到很累，根本不能工作。他就用这种拐弯抹角的方式打击他的父亲。

如果我们只关注他和他父亲之间的战争，就必须承认他使用这种武器的策略相当聪明。然而，他的生活方式既不适合自己也不适合别人，我们必须帮助他做出改变。

在我向他解释了这个梦的寓意之后，他就不再做这个梦。但是，过了几天他又跑过来告诉我，他仍然经常半夜醒来。其中的原因很简单，他没有勇气再做那个梦了，因为他知道有人能够揭穿他的目的，所以换了"第二天感觉自己很累"的借口。我们该如何帮助他呢？对他来说，唯一可能的治疗办法是与他的父亲和解。只要他还把兴趣放在激怒和压垮父亲方面，他的问题就不太可能好转。起初，我采用顺着病人说的一贯方法："你父亲似乎完全做错了。"我补充说："他总是试图利用他的权威来控制你，实在是不智之举。也许他有心理问题，应该接受治疗。但是你能做什么呢？你现在完全无法改变他。举个例子，如果下雨的话你能怎么办？你所能做的就只有带上雨伞或乘坐出租车。试图与雨搏斗或反抗它们是没有用的。现在，你却正在尽最大努力与雨作斗争。你有点过于相信自己的力量。你误认为打败了他就会有成就感，但你的胜利对自身的伤害最大。"

从这个例子中，我注意到这位患者一致性的行为——对事业的犹豫、自杀的念头、离家出走、失眠。我告诉他，这些迹象表明，他实际上在为向父亲复仇而惩罚自己。

我也给了他一条忠告："今晚上床睡觉，如果睡不着，就想想你为什么睡不着。如果还是睡不着，明天你就会觉得很累。这时想想，当你明天因为累又不能工作时，你父亲会怎样的大发雷霆。"后来，我把事实全盘托出。他的主要兴趣是激怒和伤害他父亲，如果不能阻止这场战争，任何治疗都不会起作用。其实，我们都知道他是个被宠坏的孩子，现在他自己也知道这点。

这种情况与所谓的"俄狄浦斯情结"非常相似。这个年轻人一心要伤害他的父亲，却又非常依赖他的母亲，但这与性无关。他的母亲溺爱他，他的父亲却一点儿也不怜悯他。他受到了错误的培训，误解了自己的地位。他的烦恼中没有遗传的因素，他的麻烦不是来自杀死别人的野蛮本能，而来自他自己的经历。每个孩子都可能养成这种态度。如果我们给他一个溺爱他的母亲和一个凶狠的父亲，就像这个例子里的父母一样，那么孩子很容易出现"俄狄浦斯情结"。如果孩子无法反抗父亲，又不能独立解决自己的问题，他选择眼下的这种生活方式就是顺理成章的事情了。

第五章　梦境的解析

　　从科学的角度来看,梦中的人格和清醒的人格是同一人格,所以梦的分析结果也应该跟个人统一的人格一致。梦是连接个人现实问题和生活方式之间的桥梁,个人的生活方式通过梦的形式与现实接轨。

　　几乎每个人都会做梦,但很少有人知道梦到底是什么,这种现象似乎很奇怪。梦是人类思维的一种常见活动,人们对它们非常感兴趣,却又对它们代表的意义感到困惑。有很多人很重视自己做过的梦,认为它们蕴含着深刻的意义。从人类诞生的第一天起,这种兴趣就已经存在了。但是,人们仍不知道梦究竟蕴含着什么信息,也不知道自己为什么会做梦。据我所知,由于可以拿出合理的科学解释,目前社会上只有两种解梦理论较易被人们接受。这两种理论分属于心理学的两大学派,即弗洛伊德的精神分析学派以及个体心理学学派。而在这二者中,我觉得个体心理学的学者也许可以标榜自己的解释完全科学。

　　在过去很长的一段时间内,古人试着解读梦的意义。这些尝试虽不科学,但值得我们关注。至少它们能告诉我们过去的人们对梦的看法以及他们对梦的感受。由于梦是人类大脑创造性活动的一部分,假如我们能够了解人们对梦的期望,就能准确地看到人们做梦的目的。从研究一开始，我们就发现了一个明显的事实——人们似乎非常热衷于相信梦可以预测未来。大多数人认为某些鬼、灵魂或祖先会通过梦境占据他们的心并试图影响他们。当人生遇到困难的时候，很多人会试图在梦中寻找启示来引导自己。古代的一些解梦书籍也因此应运而生，它们将什么梦境预示着什么情况解释得头头是道。古代人在梦中寻找预言和征兆。比如，古希腊人和古埃及人到他们的寺庙睡觉，希望可以接受神的托梦，以指导他们未来的生活方向。还有的古人认为梦是一种消除身体疲劳或精神痛苦的治愈形式。美洲的印第安人通过非常隆重的宗教仪式，如斋戒、沐浴和圣礼来进行梦的占卜，然后将他们对梦的解释作为接下来行动的指导思想。在《旧约》中，梦被解释为未来的预兆。即使在今天，仍有许多人说他们的梦变成了现实，他们相信在梦中，他们会化身为先知，梦会以某种方式把他们带到未来并预测接下来来会发生什么。

从科学的角度来说，这种观点无疑是大谬不然的。从我开始思考梦的问题那一刻起，我就非常清楚，那些做梦的人预测未来的水平远不如那些清醒的、能完全控制自己心灵的人。不难看出，通过梦来预测未来的方法，不仅是不理性的，而且这种预测比一般的想法会更令人困惑和难以理解。

但我们不能忽视这样一个传统观念：梦在某种程度上与未来有关。也许我们可以换个说法：在某些方面，"解梦"的行为并不是一无是处的。如果我们能以客观的态度进行讨论，它可能会提醒我们注意到一些被忽略的重要问题。上文说过，过去的人们认为梦可以为他们提供解决问题的方法。可不可以这样理解：这些人做梦的目的，就是为了得到未来的启示或解决问题的方法？这当然与梦能预测未来的观点相去甚远。

我们必须考虑这几个问题：他究竟要寻找什么问题的解决方案？他

希望从梦中得到什么？是解决问题的方法吗？很明显，从梦中获得的任何方法都肯定要比在现实生活中清醒的时候想出的方法更糟糕。但事实上，很多人更希望在睡觉的时候解决现实问题，这种现象屡见不鲜。

在弗洛伊德的观点中，我们看到了一种真正试图解析梦的努力，他的观点从科学方面对梦进行解释。但不幸的是，弗洛伊德的解释已经在很多方面把梦带出了科学领域，而且走得太远了。例如，弗洛伊德有一个假说，他认为人们在白天和晚上分别具有两种不同的精神活动——"意识"和"潜意识"，它们之间存在着一种鸿沟，彼此相互对立；另外，梦遵循着与我们的思维方式完全不同的规律。当我们看到这些对立的观点时，就能得出这样的结论：人的心灵中有一种不合乎科学的态度。在原始人和古代哲学家的头脑中，我们经常看到这两种概念强烈对立，最终人们把它们处理成完全相反事件的例子。这种对抗态度在神经症患者身上尤其明显。人们认为左右是对立的，男女是对立的，热与冷、光与暗、强与弱也是对立的。但是，从科学的观点来看，它们不是对立的，而是同一事物的不同变体，是按照某种假设排列规则尺度上的不同尺寸（比如正数与负数都位于同一数轴，只是以0为中心——译者注）。同样，好和坏，正常的和不正常也不是对立的，而是同一事物的变化体。所以，任何关于睡眠和清醒的理论、做梦的思想和白天的思想是相互对立的理论，都注定是不科学的。

弗洛伊德原始观点的另一个疑点是将梦的背景归因于性，这也将梦从人类的普通努力和活动中分离出来。如果这个观点是正确的，梦就不是一种表达整体人格的手段，而只是人格的一部分。弗洛伊德学派的支持者们也发现了这个问题，即单纯用性来解释梦的意义是不够的。所以，弗洛伊德后来又提出一个观点，人们在梦中也可以发现潜意识有渴望死亡的欲望。这种观点也许在某些方面是正确的。我们说过，梦是某些人试图找到解决问题答案的一种方法。这些人把希望寄托于梦，是一种缺乏勇气的表现。但是，弗洛伊德派的理论太奇怪了，以至于我们根本看不到整体的人格如何在梦中表现出来。此外，在他们的理论中，梦里的生活和白天的生活，似乎又回到了完全不同的、壁垒森严的状态。

但我们也从弗洛伊德的概念中得到了许多有趣而有价值的启示。例如，一个特别有用的暗示是，梦本身并不重要，重要的是梦背后的思想。个体心理学学者们也得出了类似的结论。

上文说到，精神分析学派有个巨大的失误，即忽视了科学心理学的第一个要求——认识人格的一致性和个体在各种表现的一致性。

这一缺陷可以从弗洛伊德对梦的解析里几个关键问题的回答中看出来。"做梦的目的是什么？"或"我们为什么做梦？"弗洛伊德精神分析学派的答案是："满足个人还没有实现的欲望。"这种观点并不能完美地解释关于梦的意义。如果一个梦的内容非常复杂和混乱；如果做梦的人醒来后忘了它，或不能理解它，还谈何满足？每个人都会做梦，但是很少有人知道他们的梦到底意味着什么。如此看来，我们又能从梦中得到什么幸福呢？如果梦中的世界和白天的生活有很大的不同，并且梦产生的满足感只发生在做梦者自己的生活圈子里，我们怎么能理解梦对做梦的人意味着什么呢？如果是这样，就违背了人格的统一性。毕竟梦对那些醒过来的人来说，已经没有任何意义了。

从科学的角度来看，做梦时的人格和清醒时的人格是同一种人格，所以梦的作用也必须适用于这种统一的人格。然而，有一种人，我们无法将他的整体人格与他在梦中为实现自己的希望所做的努力联系起来。这种人通常是娇生惯养的人，他总会问："我需要做些什么才能有满足感？生命能给我什么？"这些人可能会做梦，就像他在所有其他表现中所做的那样，梦到一些令他满意的事情。

其实，如果我们多关注这些事例就会发现，弗洛伊德的理论就是那些被宠坏的孩子的心理学，他们的研究对象——被宠坏的小孩，觉得永远不能否定自己的本能。他们一边认为邻居的存在是不必要的，一边又不断地问："我为什么要爱我的邻居？我的邻居爱我吗？"

精神分析学派以娇生惯养的儿童为前提，对这些前提进行了深入细致的研究。然而，在人类追求的几千种优越感中，追求满足感只是其中的一种，我们不能把它作为各种个性表现的中心动机。如果我们理解了梦的意义，它可以帮助我们理解什么是梦，什么是梦所承载的人生目标。

大约25年前，当我开始试图弄清梦的意义这一当时最令人困扰的问题之一的时候，我就坚信梦不是清醒生活的对立面，它们必须与生命的其他行为和表现相一致。如果我们白天致力于追求某种目标，到了晚上依然会同样关注这个目标。每个人在梦里都有追求的目标，仿佛梦里有一份工作等着他去完成，即便是在梦里，也要努力追求一种优越感。梦必须是日常生活方式的产物，也必须有助于生活方式的建设和加强。

有一个事实可以帮助人们阐明梦的目的。每个人晚上都会做梦，但当早上醒来时，通常会忘记它们，似乎没有留下任何痕迹。真的是这样吗？梦真的消散得无影无踪了吗？答案恐怕是否定的。我们仍然保留着许多由梦引起的感觉。虽然梦的场景消失了，对梦的理解也消失了，剩下的还有梦中的感情。梦的目的一定就在它们产生的许多感情中，而梦只是产生这些感情的一种手段或一种方式。梦的目的就是要保留这些感情。

一个人梦中所创造的意义必须始终与他的生活方式保持一致。做梦时的头脑和清醒时的头脑之间的区别不是绝对的，两者之间没有明显的鸿沟。简单地说，二者的区别在于，做梦时的大脑比清醒时的大脑与现实的关系稍微弱一些。但做梦时的大脑并没有脱离现实。当我们睡觉时，大脑仍然与现实接触。如果现实生活中被某种问题困扰，我们的睡眠也会受到相应的干扰。在床上睡觉的时候，人们在睡眠中协调身体的运动，使自己不从床上摔下来。这一事实证明，睡眠和现实之间的思想联系仍然存在。比如说，尽管街上很吵，母亲依然可以睡得很安稳，但只要她的孩子动一动，她立刻能够醒过来。所以，即使在睡眠中，我们的大脑也与外界保持着联系。但是，在睡眠期间，人的感官意识虽然没有完全丧失，也已经大大减弱，我们与现实的接触也更加松弛。做梦时，我们是孤立的个体，社会的一些现实限制不再紧紧束缚我们，就不需要用全面考虑的思维去观察周围的环境。

现实生活中的难题会干扰到我们的睡眠。当我们没有找到解决问题的方法时，我们也会做梦。甚至当我们睡着的时候，现实当中的那个未解决的难题也会不断地压迫我们、挑战我们，我们就会做一些有压力的梦。梦里面会出现一些难题，也是我们面临的要处理的问题，要我们提供解决方案。在遇到现实问题的时候，为了保证我们的睡眠不会被打扰，就必须摆脱紧张，并设计一个积极的方案去解决面临的现实问题。

现在可以开始研究睡眠中的大脑如何处理这些问题了。在不需要全面考虑整个难题的前提下，问题似乎就会简单得多，梦提供给我们的解决方案与我们自己的适应能力几乎没有关系。梦的目的是支持生活方式，抵挡来自常识方面的限制，为人创造一种舒适的生活方式。这给了我们一个有趣的启发。如果一个人面对一个不愿用常识去解决的问题，他可以通过梦引起的感觉来坚定自己的信心。

乍一看，这似乎与我们清醒时的生活相矛盾，但事实并非如此。当我们清醒的时候，可能会有与梦完全相同的感觉。如果一个人遇到一个难题，不希望用社会常识来解决它，想要继续维持自己那种不合时宜的生活方式，他会找出各种借口来维持自己的生活方式，让它们看起来好像可以应付这些问题。例如说，如果这个人的目标是不劳而获，他好逸恶劳，偷奸耍滑，不想为社会做贡献，那么赌博就是他唯一的机会。虽然他心里当然知道许多人在赌博中输了钱，倾家荡产，但他仍心存侥幸。他的脑子里充满了对金钱的兴趣，开始幻想起一夜暴富后的情景：当他变得非常富有的时候，买名车、泡美女，过着奢侈的生活，享受着别人的赞美。这一景象将激励他继续前进。于是他抛开常识，沉迷赌博。同样的事情在日常生活中也会发生。当我们工作时，如果有人告诉我们他看过一部好电影，我们就想停止工作去看电影。当一个人坠入爱河时，他会在脑中描绘一幅未来妻贤子孝的画面。另外，如果这个人是悲观主义者，他幻想出未来的情景必然是暗淡的。换句话说，只要他触发了自己的感觉，我们就可以根据他创造的感觉类别来判断他属于哪种人。

但是，如果做完一个梦之后，除了一些感觉之外，什么都没有留下，它又会对常识产生什么样的影响呢？通常来说，梦是常识的敌人。现实生活中，有些人不想被自己梦中的感觉所欺骗，他们宁愿按照科学的方法行事。这些人很少或根本不会做梦。另一些人则不喜欢常识的束缚，喜欢做梦，因为他们不愿意以正常和有用的方式解决现实中存在的问题。常识是人际关系中合作的一方面，那些不善交际的人往往会做更多的梦。他们担心自己的生活方式会受到攻击，于是想要逃避现实的挑战。

我们可以得出这样的结论，梦是一个人试图在自己的生活方式和面临的现实问题之间建立联系的一种方法。生活方式是梦的根源，它必须带有个人最需要的那种感觉。我们在梦中找到的一切感情，都可以在这个人的其他特征或症状中找到。不管有没有做梦，这个人都会以同样的方式来解决问题。但是，对于我们的生活方式来说，梦的产生实则是提供了一种支持和保护。

如果这个观点是正确的，那我们已在理解梦境的方面迈出了第一步，也是最重要的一步。在梦中，我们经常会欺骗自己。每一个梦都会出现自我陶醉和自我催眠的情况，它的目的是创造一种心理状态，让我们为解决某个问题做好准备。在这种精神状态下，我们看到了与日常生活中相同的人格。此外，我们将在梦境的努力方向上知晓这个人在白天出现的各种情绪。如果这结论正确，我们可以从一个人的梦境结构或者在梦中的行动模式里看到这个人的整体人格。

我们可以在梦中发现什么？首先，我们发现了一种选择——对景象、事件、意外的选择。我们以前讨论过这个问题。当一个人回顾过去时，他会重新排列经历过的场景和事件。他对回忆的选择是根据他自己的需求作出的，只选择那些能支持他优越感目标的事件作为回忆。同样，在梦的建构中，人们只选择那些与自己的生活方式相一致，但在面对问题时，却能表现出适应自己生活方式要求的事件。这种选择是一种与现实生活遇到的困难相联系的生活方式的结果。在梦中，我们生活在一种独断独行的模式中。为了应付现实中的困难，就必须依靠常识的力量。但是，自己由来已久的生活方式却变成了拦路虎。

那么梦是由什么构成的呢？古时候，人们就发现了梦的组成方式，弗洛伊德也曾强调，梦主要是由隐喻和符号构成的。正如一位心理学家所说："在梦里，我们都是诗人。"

为什么梦不使用简单的词语来替代隐喻和符号呢？这是因为，如果梦不使用隐喻和符号，而是开诚布公地说出想法，我们就无法避免常识的束缚。隐喻和符号可以是荒诞不经的，它们可以连接两个风马牛不相及的事物，它们可以同时得出两个背道而驰的结论，它们也可以得出不合现实逻辑的结论，它们甚至可以用来引发情感。

我们在日常生活中经常会发现类似隐喻和符号的例子。当我们试图纠正某人时，会把他隐喻成孩子说："别孩子气了！"我们会在责问对方的时候说："你为什么总是哭哭啼啼的？你是个女人吗？"当我们使用比喻修辞时，无关紧要的东西和只对情感有吸引力的事物就会发挥作用。当一个大个子和一个小个子争论时，他可能会说："你就是一条只配在地上爬的毛毛虫。"用这样一个比喻，可以很容易地表达自己的鄙视之情。

隐喻是一种非常奇妙的语言工具，但在使用它的时候有时不得不心怀欺骗之情。古诗人荷马把希腊军队描绘成在战场上纵横无敌的雄狮，给我们的印象是：他在夸大其词。我们认为他不愿说出实话：那些疲惫不堪、穿着肮脏的士兵在泥泞的战场上爬行，哪里有一点雄狮的样子？！他想让我们把战士们想象成狮子，但我们知道战士们并不是真正的狮子。但如果诗人按照实情描述他们如何气喘吁吁、汗流浃背，如何停下来匍匐前进或躲避危险、他们的盔甲如何是磨损破烂的情景，我们阅读《荷马史诗》时，就不会再有那样的感动。隐喻通常用于美好的想象和幻想。

然而，我们必须提醒读者，对于一个有错误人生观的人来说，在现实生活里频繁地使用隐喻和符号是非常危险的行为。

假设一位学生面临一场即将到来的考试。试题虽简单，但他必须鼓起勇气，依靠常识，全力以赴。可是，如果生活方式想要他逃避，他就非常有可能会梦见自己处在一场艰难的战役中。这位学生会用相当复杂的隐喻来描述这个简单的问题，然后他就有了害怕的理由。或者他会梦见自己站在悬崖边上，如不后退，就会摔得粉身碎骨。他必须创造出一种"我不能考试"的心理状态来帮助他避免考试，所以他把悬崖和考试联系起来欺骗自己。

在这个例子中，我们还发现了另一种在梦中经常使用的逃避现实的方法。它把一个问题简化为原问题对自己有害的一部分，用隐喻的方式表达这一部分，并以偏概全，把它当作原来的整个问题。假如这位同学还有一位既勇敢又有远见的同窗，这位勇敢的同学也会希望自己能够完美地通过考试，因为这位勇敢的同学也需要支持。这位同学仍然希望能够在梦中肯定自己——这是由他的生活方式所决定的。考试前的一天晚上，他也许会梦见自己站在一座山顶上，并"一览众山小"。这时候他梦中的处境非常简单，但也只是整个生活环境的一小部分。对于他来说，现实问题已经变得非常简单，绝大多数问题已经排除，剩下的就只有对成功的憧憬和怎样激发自己的自信。第二天早上，当他醒来时，必然会感到比以往任何时候都更有活力、更愉快、更勇敢。通过做梦，他成功地减轻了必须面对的压力。但是，从心理学的角度看，虽然是肯定自己的正面情形，实际上他仍然欺骗了自己。他没有以一种常识性的方式全心全意地面对整个问题，而只是在梦中创造了一种自信的心理状态。

触发这种心理状态的例子并不罕见。一个人在跳过小溪之前习惯于在心里默念并数"一、二、三"，然后才一跃而过。数"一、二、三"真的那么重要吗？跳过一条河和数"一、二、三"之间真的有直接关系吗？不是。它们之间毫无关系。他数了"一、二、三"，只是为了刺激他的头脑集中他的力量。在人类的头脑中，有一些预先存在的方法可以用来强化、固定和坚持其生活方式，其中最重要的部分就是唤起情绪的能力。事实上，我们的身体不分昼夜地做这项工作，但最频繁的工作却是在夜间发生的，因为它体现得更加明显。

下面我举一个梦是如何欺骗我们的例子。在某次战争期间，我曾是一家收容神经病士兵的战地医院院长。当我看到那些因为心理原因不能继续作战的士兵时，总是尽可能地做他们的思想工作，使他们能够放松下来。患者们的紧张情绪逐渐开始消失了，这种方法相当成功。

一天，一位患有精神病的士兵来找我寻求治疗，他是我见过的最强壮的士兵之一。当我给他做检查时，我不知道该拿他怎么办。当然，我希望把每一个来我这里诊断的士兵都送回家，但所有的诊断结果都必须得到那些高级军官的批准。在这种情况下，我无法自由地使用自己的仁慈之心，为这些厌战的士兵们打开回家的大门。对这个士兵的情况作出诊断结论是不容易的。我踌躇再三，对他说："你虽然有精神疾病，但身体非常强壮。我会让你做一些简单的战地工作，这样你就不必去前线了。"士兵伤心地说："我是个穷学生，靠教书来赡养年迈的父母。如果我不能回到家里继续工作，他们就会饿死。"当时，我想我应该帮他找一份更轻松的工作——送他去后勤机关工作。但我担心，如果真的这样做了，我的那位顶头上司会生气，极有可能会把这位厌战的士兵送到前线去。结果，我决定尽可能真实地填写他的病历，但在证明中写下了"他只适合做一些防御性工作"的评语，不知道能帮到这个可怜人多少。

当我晚上回家睡觉的时候，做了一个噩梦。我梦见自己是一个杀人犯，一边跑过一条又窄又黑的小巷，一边绞尽脑汁想弄清楚自己杀了谁。虽然我记不起杀了谁，但梦中我一直这样想："我犯了谋杀罪。我的人生完蛋了。我是个杀人凶手！"在梦里，我心惊胆战、冷汗直流。

醒来时，我的第一个念头是："我到底杀了谁？"随后立刻想到："如果我不设法让这个年轻的士兵在军队后方机关服役，他极可能会被送到前线，最终很有可能阵亡。那我就变成一名凶手了。"

从这里大家可以看到我诱导自己的思想状态来欺骗自己的过程。我并不是杀人犯，如果真的发生了这种事，我也没有罪。但我的生活方式不允许我冒这个险——我是一名医生，职责是拯救生命，而不是把他们置于危险之中。然后我就想：如果我给他出具一份违背事实的检验报告，那位顶头上司发现后，极可能会把他派到前线去，事情将变得更糟。后来我终于下定决心，如果想帮助他，我唯一应该做的就是遵循常识，不要违背我的生活方式。所以我给他做了一个诊断书，上面写着建议军队派他做一些防御性工作。以后发生的事情证明了遵循常识的判断是正确的。我的上司看到诊断报告后把它扔到桌子上。

"他看穿了我的把戏，现在他要把那个可怜的士兵派到前线去了，"我沮丧地想，"我其实该写封信叫他去为后勤部门工作。"不料，这位军官却批准道："军队后方机关服役，6个月。"后来，我发现那个军官收受了贿赂，本就想把那个士兵调到一个比较轻松的部门。另外，看病的这个年轻人从来也没有教过书，他对我说的话没有一句是真的。他编这个故事是为了让我证明他只会做一些容易的工作，这样那位军官就能在我诊断书的基础上动手脚了。从那天起，我再也不会轻而易举地被梦境所左右。梦的目的本身就是欺骗和麻醉自己。如果我们理解了梦的真谛，它们就不能再欺骗我们，也不能刺激我们的心理和情绪。

我宁愿按照常识解决问题，也不愿接受梦的启示。如果梦被破解，它就没有意义了。梦是一个人眼下的现实问题与个人生活方式之间的桥梁，不要太过加强二者之间的联系，应尽量让其与现实接轨。尽管一个人会做很多不同种类的梦，但所有的梦都有一个共同的特点，那就是根据你所面临的特殊情况，找出生活方式的哪些方面需要加强。因此，对梦的解读具有很强的个人色彩。一般来说，这些符号和隐喻是无法解释的，因为梦是生活方式的产物，源于个人对自己特定处境的理解。以下举几个具有典型特征的梦境，但我拿来举例并非试图解释梦的秘密，只是想用它们来帮助理解梦本身和它代表的意义。

许多人都梦到过自己在天上飞行。和其他梦一样，解析这种梦的关键是寻找到梦境中所创造的感觉。它们留下了一种轻松而勇敢的心态，可以把人的情绪从下层提升到上层，从而增强解决问题及对优越感目标追求的信心。因此，这种梦既可以引导我们去揣测人的性格，也可以帮助我们找出那些勇敢无畏的人、高瞻远瞩的人和雄心勃勃的人。这种人永远不会放弃他的野心，即使在睡觉的时候亦然。这些人在梦中还经常会问这样一个问题："我应该继续前进吗？"然后自己给出了一个答案："我的未来一定会很光明。"

有人经历过从高处坠落的梦境，这非常值得玩味。这种梦境意味着做梦的人思想保守，害怕失败，没有尽力去克服生活中的困难。做这种梦其实是一件非常容易理解的事情。传统教育一直试图警告孩子要保护好自己。我们的孩子们经常被父母这样警告："不要爬椅子！""别动剪刀！""不要玩火！"等。他们的生活总被这种假想的危险包围着。当然，有些危险是真实存在的，但是频繁警告会导致一个人胆怯，并不能帮助他去应对这些危险。

当人们经常梦到他们身体不能移动或错过火车、飞机时，通常意味着这样的想法："如果这个问题可以得到解决，而不需要我的丝毫努力的话，我会很高兴""我得绕道而行，否则我就要迟到""以免再碰到这个问题，我必须早点出发。"

许多人在做梦的时候梦到考试。但醒来后会惊讶地发现，他们的生活中并没有参加考试，或者他们已经离开学校已经很多年了，或者距离他们生活中的上一次考试已过去很长一段时间了，然而现在他们又梦到了考试。对于这些人来说，这个梦可能意味着："你还没有为即将到来的问题做好准备。"对另外一些人来说，它可能意味着："你以前通过了这个测试，现在你也必须通过接下来的这个测试！"每个人的人格和其他人的不一样。关于梦，我们必须考虑的第一件事是梦所留下的精神状态，以及梦与整个生活方式的关系会如何。

有位32岁的女性患者来找我帮助治疗她的心理问题。她是家里的第二个孩子，和大多数的家中次子一样雄心勃勃。不管什么事，她总想成为第一，总希望完美地解决所有问题。后来她爱上了一个比她大的有妇之夫，但她这位情人的事业一塌糊涂。她想嫁给他，但他却不能和原来的妻子离婚。后来，有一次她梦见自己住在乡下，一个男人从她那里租了一间公寓。这个男人刚搬进来不久就结婚了，但他生活窘迫，既没本事赚大钱，也不是一位正直或勤奋的人。她不得不把他赶出去，因为他后来付不起房租了。

通过分析，我们可以看到这个梦与她目前面临的人生难题有关。她正在考虑是否嫁给一位事业失败的男人，她的情人很穷，无法养活她。有一次他请她吃饭，却没有足够的钱付账。从心理学来看，这个梦的意义是要营造一种反对她嫁给那个男人的心理状态。她是个雄心勃勃的女人，不想和一个穷人住在一起。她用一个梦的比喻来问自己："如果他租了我的公寓，却付不起房租，我该怎么办？"她的回答是："他必须马上离开。"然而，现实生活中的那位已婚男子却不是她的房客，可能无法这样进行比较，因为一个不能养家糊口的丈夫和一个付不起房租的房客是完全不同的。但为了解决她的问题，为了符合她的生活方式，她通过梦境给了自己这样一种心理暗示："我不能嫁给他。"这样，她就避免了用一种常识性的方法来处理整个问题，而是选择了用梦境夸大其中的一小部分的方式。与此同时，她把爱情和婚姻的整个问题压缩成一个梦中的隐喻："有一个人租下了我的公寓，如果他付不起房租，他就得收拾包袱走人。"

个体心理学的治疗方式总是希望患者能够增加他处理生活问题的勇气。所以在治疗过程中，梦的内容会逐渐改变，患者也会表现出更加自信的态度。有一位女精神病患者在康复之前做的最后一个梦是："我一个人坐在长凳上。突然，暴风雨来了。我急忙跑进我丈夫的房子，这样我就幸运地躲过了暴风雨。然后我帮他在报纸广告上找到了合适的工作。"病人能够自己理解这个梦的含义——这个梦清楚地表明了她想与丈夫和解的意图。起初这位患者恨她的丈夫，痛苦地指责他软弱无力，缺乏改善生活的雄心壮志。而今，这个梦的寓意是："和我丈夫在一起总比一个人冒险要好。"虽然我们可能同意病人对她所处环境的看法，但她适应丈夫和婚姻的方式仍暗示着有一种长期的怨恨隐藏在她的潜意识里，因为她在梦中过分强调了独居的危险，这预示着她暂时还无法勇敢独立地与丈夫一起生活。

一位10岁的男孩被带到我的诊所，他的学校老师指证他用卑鄙的手段陷害其他学生。他在学校偷了东西，然后把它放在其他孩子的抽屉里，令其他孩子受到了不白之冤。通常，这种行为只发生在孩子觉得有必要贬低别人的时候。他会羞辱他们，证明他们不如自己。如果是这样，我们就可以推测，他一定在家庭圈子里得到过类似的训练。或者说，他一定是想陷害家里的某个人。根据他的老师说，这位 10 岁的孩子，曾经在街上朝一个孕妇扔石头，这给他带来了大麻烦。这说明，虽然只有 10 岁，但他可能已经知道怀孕的意义了，我推测他可能不喜欢怀孕。我忍不住这样推测：他对自己弟弟或妹妹的出生感到不高兴吗？在老师的报告中，他被称为"害群之马"，与同学相互斗殴，给同学们起绰号，经常背地里造谣中伤他们。他还欺负那些小女孩，甚至动手打她们。从这些现象中，我们大概可以猜到，他有一个妹妹或者弟弟在和他竞争。后来我们得知，他是家里两个孩子中的长子，还有一个四岁的妹妹。他的母亲说他很喜欢他的妹妹，一直对她很好。我们很难相信这种说法，因为这样的男孩不可能真的喜欢他的妹妹。在未来的日子里，我们将拭目以待，看这种怀疑是否正确。

这位母亲还表示，她和丈夫的关系非常融洽、理想。听到这话我觉得这孩子有点可怜。很明显，父母认为他们不应该为这孩子的任何错误负责任。"他犯错误完全是因为自己的邪恶本性、他的命运，或者遗传自他某个很遥远的祖先！"我们经常见到这样所谓的理想婚姻、这样的优秀父母、这样的混蛋孩子！

对于这些人造成的恶果，很多老师、心理学家、律师和法官都有话要说。事实上，"理想"的婚姻对一个年幼的孩子来说是非常不理想的，如果他看到他的母亲在向他的父亲献殷勤，可能会非常生气。因为他想独占他母亲的注意力，他不喜欢她对任何人示好。但这又有些矛盾，如果理想的婚姻对孩子不好，那么不完美的婚姻对孩子来说更糟糕。到底该怎么办呢？我们必须让孩子生活在理想婚姻的家庭里，同时又必须让他真正融入父母的关系中，避免让他只和一个家长亲近。通过分析，我们认为这个孩子可能是一个被宠坏的孩子，他想方设法地试图引起母亲的注意，当他觉得母亲对他不够关心的时候，他就会去惹麻烦，从而达到他的目的。

我们很快就找到了支持这一观点的证据。他的母亲自己从不亲手惩罚孩子，总是等着丈夫回家来惩罚他。也许她个性软弱；也许她觉得只有男人才有权发号施令，只有男人才有能力惩罚孩子；也许她想让孩子依赖她，害怕失去他。无论如何，她已经将她的孩子训练得对他的父亲完全不感兴趣，一点儿也不愿与父亲合作，且经常与他发生摩擦。我们还听说，虽然他的父亲全心全意地照顾这个家庭，但因为孩子的原因，工作之后不太愿意回家。虽然这位父亲严厉地惩罚孩子，经常鞭打孩子，但是据他母亲说这孩子并不会因此恨他的父亲。我认为这是不可能的。这个孩子不是一个弱智，他不是不恨父亲，只是学会了如何巧妙地隐藏自己的感情。

表面上这位男孩很喜欢他的妹妹，但他不想和她开心地玩耍，于是经常在暗中抽她耳光或踢她。平时，他睡在餐厅的沙发上，他妹妹却睡在父母房间的一张小床上。现在，我们把自己放在他的位置去试想一番，如果我们的性情和他一样，父母的房间里那张小小的床也会让我们感到难过。他希望母亲能够全神贯注地听他说话，可是到了晚上，离母亲最近的人却是妹妹了，所以，他必须设法让母亲离他更近一点儿。

这孩子在婴儿时期身体很健康，他吃母乳吃了七个月。但当断奶第一次改用奶瓶时，他突然开始呕吐。也许是因为他的肠胃不好，因而断断续续的呕吐一直持续到了三岁。现在，他的饮食很正常，营养也很好，但他仍然担心自己的肠胃，并认为这是自己的弱点。他对饮食很挑剔，不喜欢在家吃饭。于是母亲给他钱，让他出去买喜欢的食物。但他却告诉邻居，父母没有给他足够的食物，使他不得不去外面吃。他曾多次练习这种说谎技巧，将恢复自己优越感的方式变成了去贬低别人。

现在，我们已经可以理解他初到诊所时说的那个梦境的含义了。

"我是一个美国西部的少年牛仔，"他说，"他们把我送到墨西哥，我在回美国的途中杀了人。一个墨西哥人想阻止我，所以我踢了他的肚子。"

这个梦的真实意思是："我被敌人包围了。我必须努力战斗。"在美国，"少年牛仔"被奉为英雄。所以他认为欺负一个小女孩或踢某人的肚子是一种英雄行为。正如我们所见，肚子在他的生活中扮演着重要的角色——他把它看作是自己身体上一个脆弱的区域。他患有肠胃不适的病症，他的父亲也有神经性胃病，经常抱怨胃部不适。在这个家庭里，胃被提升到最重要的位置。现在，我们总算知道为什么这个孩子会在大街上攻击一名孕妇。因为他的目标是攻击别人最薄弱的地方，他的梦和行动表现出完全相同的生活方式。他活在自己的梦中，如果不能唤醒他，他将继续保持同样的方式生活。未来，他不仅会和他的父亲、他的妹妹、他的男同学、他的女同学继续闹别扭，而且还会和试图阻止他这种生活方式的医生们斗智斗勇。他那梦幻般的冲动会激励他继续努力成为那种"英雄"，并努力去征服他人，除非他能清醒过来，认清楚这样做是在欺骗自己。除此之外，任何治疗也帮不了他。

在诊所里，我向他解释了他的梦所代表的含义：他觉得自己生活在一个充满敌意的世界里，任何想惩罚他并把他留在墨西哥的人都是他的敌人。当他再次来到诊所时，我问他："自从我们上次见面以来，又发生了什么事吗？"

"我是个坏孩子。"他回答说。

"你做了什么?"我问。

"我又欺负并追打了一个小女孩。"

请读者注意,这不是忏悔,而是一种自夸,是一种赤裸裸的挑衅。他明知这里是医院,明知我们这些医生想改变他,他仍然坚持做一个坏男孩。他仿佛在说:"别想改变我,否则我踢你的肚子!"

那么,我们应该怎样帮助他?他还在做梦,还在梦境里扮演英雄。我们必须消除他从这个角色中获得的满足感。

"你相信,"我问他,"英雄就是那种追打小女孩的人吗?这种英雄风格是不是太糟糕了?如果你想成为英雄,应该追打强壮一点儿的孩子啊!否则你就别去招惹那些女孩!"

这是治疗的一部分。我们必须让他明白,他不应该继续沿用这种自作自受的生活方式,以免将来遭受更大的痛苦。另外,我鼓励他与别人合作,让他认识到生活中积极方面的重要性。除非一个人害怕被打败,否则他不应该站在消极那边。

一位24岁的单身女秘书向我抱怨她老板的霸道作风,哭诉她再也不能忍受了。同时她也感到自己无法进行正常的社交或维持友谊。经验告诉我,如果一个人无法与他人交往,原因很可能是她想支配他人。事实上,她只对自己感兴趣,人生目标就是展示她的个人优越感。而她的老板可能也是同样一类人,也想指挥别人。当两个生活方式相同的人相遇,争端就此开始。

这个女孩是家里七个孩子中最小的,也是家里最受宠爱的一个,昵称为"汤米",这是一个男性化的昵称,因为她一直想成为一个男孩。这种情况更增加了我们的疑惑:她的目标真的是控制别人吗?可能她认为，如果变得男性化，就可以更好地管理或支配他人，而不是受男人们的控制。她是一位美女，一向认为人们喜欢她是因为她甜美的外表，所以她总是担心她的容颜会受损。如今这个时代，一位漂亮的女孩很容易给别人留下深刻的印象，也很容易控制别人，她自己很清楚这一点。然而，她又想成为一个男孩，以男性的方式支配别人，所以她并没有为自己的美丽感到骄傲。

她的最初记忆是受到一个男人的惊吓，她坦诚直到今天仍然害怕被强盗或疯子袭击。一个想要变成男人的女孩竟然担心受到强盗和疯子的侵袭，这似乎很奇怪。但是，只要我们思考一下，就会发现其实并不奇怪。她想生活在一个可以随意控制的环境中，尽量避免其他突发状况的出现。强盗和疯子是她无法控制的因素，所以她希望他们能永远消失。这位女士想不费吹灰之力就变得有男子气概，如果失败了，她就会装聋装哑，睁一只眼闭一只眼地继续生活。由于她对女性角色的深刻不满，在她的"男性宣言"中有一种强烈的火药味——"我是一个男人，我要打破做女人的桎梏！"

让我们看看是否能在她的梦中找到类似的佐证。她经常梦见自己一个人孤零零地待着。作为一个被宠坏的孩子，这个梦有这样的含义："我必须被别人照顾。放任我一个人待着不安全。别人会欺负我、攻击我。"

她经常做的另一个梦是她的脉搏停止了。这个梦的意思是："小心！你有失去我的危险！"她不想失去自己的任何东西，尤其是控制别人的能力，但她选择以脉搏停止跳动来警告他人。这也是一个说明梦是怎样加强生活方式的例证。她的脉搏没有停止，但她希望它停止，这种感觉便带到了现实生活中。

她还有一个更长的梦，这可以帮助我们彻底认识她的生活方式。"我去游泳池游泳。那里有很多人。有些人注意到我站在他们的头顶上，"她说，"我觉得有人在尖叫，盯着我看。我摇摇晃晃，似乎有摔倒的危险。"如果我是一个画家，会这样刻画她的形象：站在别人的头上，用脚踩别人的头，这就是她的生活方式，也是她喜欢内心幻想的画面。然而，她发现自己处于一个危险的境地，以为别人会察觉到她的危险，应该仔细地保护她。这样她就可以继续控制他们，这就是她一生的生活方式。她设定了自己的人生目标："即使我是一个女孩，我仍然想成为一个男人！"

如同大多数家庭的幼子一样，她野心勃勃，但她只想要表面的优越感，而不是一个适合自己的位置，这使她生活在不断的恐惧和失败的威胁中。如果想帮她，我们就应找出如何让她能安全平稳地扮演女性角色的方法，消除她对异性的恐惧，重新认识自己的定位，让她能够平等、友好地对待她的朋友。

再来看另一个女孩的故事。她13岁的时候，哥哥死于一场事故。她说，人生的最初记忆是："当我哥哥学习走路时，他抓着一把椅子试图站起来，但椅子却落在了他身上。"这是另一场意外，我们可以看出，对于这个世界的危险，她的感受是多么深切。

"我经常做一个奇怪的梦。我一个人走在街上，明知前面有一个大洞，我却看不见。当我走路的时候，每次都会掉进洞里。那洞里装满了水。"这个梦并不像她想的那么奇怪，但如果她继续被它恐吓，一定还会觉得它很神秘。梦不停地暗示她说："小心！前方有你不知道的危险！"而且，这句话还有别的意味在里面："如果你不够警惕，你就会跌下神坛。"如果她有跌倒的危险，那就说明她觉得自己现在高人一等。所以，在这个例子中，她似乎在说："我已经爬到了很多人的头上，但是我必须要小心谨慎，才能避免摔下来！"

在另一个例子中，我们将看到相同的生活方式能否在最初记忆和梦中同时起作用。一个女孩告诉我："我喜欢看别人建房子。"由此我推断她喜欢与别人合作。一个小女孩当然不能参与盖房子，但是从她的兴趣中可以看出她喜欢和别人分享工作。

"那时我还是个小孩子，我记得自己站在一扇很高的窗户前，窗户上的玻璃方格和我前一天看到的一样，至今记忆犹新。"如果注意到窗子的高度，那是她脑海里一定已经出现了高与矮的对比概念。她真正的意思是："窗户很高，而我很矮。"事实上，正如我所料，她非常介意自己的身高很矮，这就是为什么她在记忆中对尺寸如此关注。她说自己对窗玻璃的样子记忆犹新是在吹牛，她能记得的也许只有高度而已。

现在，让我们谈谈她的梦吧：

"我和几个人上了一辆汽车。"可以想象，这位女孩一定善于合作，喜欢和别人在一起。

"我们高速行驶，直到在丛林前停了下来。每个人都下了车，跑进了树林。他们大多数人都比我高。"她又一次注意到了高度。

"我告诉他们快点乘电梯，但电梯掉进了一个10英尺高的坑里。我想，如果我们不赶紧出去，就会煤气中毒。"这不难理解，大多数人都害怕某种危险，因为人类天生就不是很勇敢。

"然后我们安全出去了。"从中我们看到了一种乐观的态度。如果一个人善于与别人合作，她必定非常勇敢和乐观。

"我们在那里待了几分钟，然后出来，迅速跑向汽车。"我相信这个女孩一直都非常善于跟他人合作。但显然，她对自己的身高感到担忧，她希望自己变得更高。在生活中，我们可能会发现她有某种紧张感，比如经常会踮起脚尖走路等。但是，她对别人的兴趣和合作态度足以让这种紧张感消失。

第六章　家庭的影响

在一个幸福的家庭中，所有的成员都应该平等、合作和团结。家庭中不应该存在敌对情绪，孩子们也不应该认为自己的家中存在一个敌人，否则会有严重的不良后果。

从出生那天起，婴儿就想和母亲保持特殊的关系，这是人类的本能反应。生命中最初的几个月，母亲在孩子的生活中扮演着最重要的角色，婴儿几乎完全依赖母亲存活。正是在这种背景下，他萌生了朴素的与他人合作的能力。母亲是婴儿接触到的第一个人，也是自身之外第一个让他感兴趣的人，是婴儿走向社交生活的第一座桥梁。一个与母亲（或另一个可以代替母亲的角色）没有任何联系的婴儿，注定会走向灭亡。

这种联系不但紧密，而且深刻，以至于在未来的岁月里，甚至能影响到孩子的遗传基因。那些家族遗传的习俗倾向，都可以通过母亲的训练和教育而重新改进。因此，母亲教育技能的好坏会直接影响孩子潜能的发挥程度。我们通常所说的母性技巧，指的是她与孩子合作的能力以及让孩子与她合作的能力。这种能力不能从书本当中寻找答案，因为孩子每天都有新的情况出现，成千上万个难题需要母亲去理解和改进。只有当她真正对孩子感兴趣，并决心赢得孩子的喜爱以及尽全力维护孩子的利益时,她才能拥有这种技能。

我们可以从一位母亲照顾孩子的活动中看到她的态度。每天她需要抱着孩子到处走,温柔地哄孩子,给他洗澡,喂他吃奶,这都是她与婴儿发生联系的机会。如果她没有经过足够的训练来适应她的工作,或对孩子不感兴趣,举止一定会表现得很粗鲁,这将引起婴儿的反感。如果她没学会给孩子洗澡,孩子会觉得洗澡是一件不愉快的事情。因此,孩子不会与她有密切的接触,甚至会尽量避开她。她哄孩子睡觉的样子,她走路的样子,她微笑的样子,都会让孩子有所感触。此外,她还需要有正确的技能来照顾她的孩子,或让他安静地睡着。她必须考虑孩子生活的整体环境——新鲜的空气、房间的温度、丰富的营养、睡眠的时间、身体的习惯、衣服的清洁程度,等等。上面提到的每一个小细节,她都给了孩子一次机会,使他们做出喜欢她或憎恨她的决定,让孩子们做出与她合作或拒绝与她合作的抉择。

母性技巧不是一门难以掌握的课程,所有的技术都是长期训练和兴趣导致的结果。做母亲的准备工作从刚怀孕就已经开始了。从一个女孩对一个更小的孩子的态度中就可以看出这个女孩将来做母亲的潜质。在这个方面,给男孩和女孩强加相同课程的教育方法是不可取的,这样只会让他们以为男人女人将来会从事完全相同的工作。如果我们想培养出一位非常棒的母亲,必须用单独的方法去教育女孩,使得她们认为成为一位母亲是非常光荣的事情,并认为母亲的工作是一种创造性的工作。只有这样,当她们面对自己的孩子的时候,才能充分发挥作用,不会令她的孩子们失望。

不幸的是,在我们的文化中,母亲甚至是女性的价值一直都被认为是微不足道的。如果人们更重视男孩而轻视女孩,如果男性的角色生来就有优势，那女孩当然不会喜欢未来的母亲身份，没有人生来就满足于从属地位。这样的价值观下，当女孩婚后即将要孩子的时候，会以各种方式表达她们的抗拒之情。她们不愿意也不准备要孩子，不想让孩子来到这个世界，也不觉得养育孩子是一种有趣的、具有创造性的活动。这也许是我们面临最大的社会问题，但很少有人能够正视它。毫不夸张地说，整个人类社会的发展都依赖于女性对母性的态度。但在社会的方方面面，女性的地位都被低估，被认为是附属品。即使在童年时期，也有很多男孩习惯性地把做家务看作是仆人的工作，尊严好像不允许他们插手家务事。很少有人认为打扫房子也是女人的一大贡献，相反，他们认为这是女性生来就应该做的杂务。如果一个女人能真正地把家务视为一门艺术，并从中获得乐趣，丰富她的家庭生活，那么她就能把它做成世界上最好的工作。如果家务被认为是男人不能插手的卑微的工作，那么女人一定会抗拒做家务。她会反抗，并试图证明（这是一个明显的事实，根本不需要证明）男人和女人是平等的，男人们也应该有机会来发挥他们做家务方面的潜力。潜力必须要通过社会感才能发挥出来，社会感会将这种潜力引导向正确的方向，使它们突破外来限制，并自由绽放。

只要女性的地位依然受到歧视，婚姻的和谐就会被破坏。如果一个女人认为关心她的孩子是一份卑微的工作，那她永远学不会去照顾孩子。给孩子一个好的童年，这需要技巧、关心、理解和同情。一个对自己的角色都不满意的女人，怎么能指望她与孩子建立亲密的接触呢？她的人生目标与孩子的成长目标不一致，她总是想达到自己的人生巅峰，为了达成这个目标，孩子成为了她人生当中的一个障碍。如果深入研究生活中许多失败的婚姻家庭案例，你就会发现，几乎所有的失败都是母亲没有做好子女教育工作的结果。她没有给孩子一个好的人生开端。如果母亲在子女教育方面失败了，如果她们对教育子女这份工作不满意，如果她们对孩子不感兴趣，那么全人类都将处于危险之中。

然而，我们不能把子女教育失败的责任完全推给母亲。那些失败的母亲也很冤枉。也许没有人教会这些女人怎样做母亲，怎样跟孩子合作——也许她在整个婚姻生活中同样郁郁寡欢。即便再美好的家庭生活中，也会有各种各样的障碍。一个家庭中的母亲若是卧病在床，即便想要照顾子女，也是心有余而力不足。如果母亲需要到外面去工作谋生，回家时她可能已经筋疲力尽，想要照顾孩子的心情会大减。如果一个家庭的经济条件很拮据，那么母亲给孩子提供的食物、衣服、居住条件，可能都会让孩子产生消极的心理反应。更重要的是，决定孩子行为的决定性因素不是孩子的成长经历，而是孩子从经历中得出的结论。

当我们研究不良青少年的心理报告时，发现他们和母亲之间的相处都有一些困难，但是表现好的孩子可能和他们的母亲也有类似的困难。在这里，我们应该复习一下个体心理学的一个基本概念——孩子行为特征的发展不需要特定理由，但是孩子们会把他们过去的经历作为建立自己生活方式的理由。例如，我们不能单纯地认为一个饥寒交迫的孩子将来会成为罪犯，必须仔细观察幼年时期那段困顿的经历为他带来了什么样的启示。很多穷人家的孩子并没有沉沦，反而成长为大好青年。

当一个女人不满意她作为女人的角色时，很多困难就应运而生了，这并不难理解。我们都知道母性的巨大力量，许多研究表明，母亲保护儿子的倾向比其他任何倾向都要强烈。在动物（如老鼠和猿类）中，母性的驱动力已经被证明比性和饥饿的驱动力更强大。如果需要从以上几种驱动力中选择排名第一的那个，母性的驱动力当之无愧。这种力量并非基于性欲，而是基于合作目标。母亲常常觉得儿子是自己身体的一部分。通过儿子的出生，他与自己的整个生命联系在一起，使她觉得自己是掌握生与死的主人。在每位母亲身上，我们或多或少都能找到这样一种感觉：她认为自己通过孕育孩子完成了一项上帝赐予的伟大工作。我们甚至可以这样说，她感觉自己像上帝一样伟大，从无到有地创造了一个生命。事实上，对母性的追求是人类追求优越感的一种杰出表现，是一种神圣的目标。从这里我们可以看出，母爱是人类身上蕴含着的最伟大的美德，体现了人类是如何通过最深刻的社会情感，将他人的利益凌驾于自身的利益之上的。

当然，母亲有时候可能会过分夸大儿子是她身体的一部分，并强迫他来实现她的优越感目标。她可能试图让孩子完全依赖自己，然后控制他，让他永远和自己在一起。让我举一个70岁农妇的例子。她的儿子到50岁的时候还被迫和她住在一起。后来他们都患上了急性肺炎。母亲在危机中幸存，但儿子在被送往医院时死亡。当母亲得知儿子的死讯时，她哭着说："我知道我不能把这个孩子养大的。"她总是觉得自己对孩子的一生都负有责任，从来不打算让他成为社会的一分子。然而，当一个母亲没有尝试让她的孩子与他人进行联系和社交，没有教他如何平等地与他人合作时，她就犯了一个致命的错误！

母亲与外界的关系并非那么简单，她与孩子们的关系也不应该被过分强调，这是一个必须要特别注意的问题，对母亲和孩子都是如此。如果过于强调这个问题，其他的问题就会被忽视。即使面对的其他问题是一个非常简单的问题，对它稍加注意也总比漫不经心要好。母亲通常有以下的社会联系：与她的孩子、她的丈夫以及围绕在她身边的整个社会关系和生活联系。她必须对这三种关系给予同等的重视，并以她的常识冷静地面对它们。如果母亲只考虑自己与孩子的关系，她就不可避免地会宠坏孩子。这将使孩子们很难培养出独立性以及与他人合作的能力。当她成功地把孩子们和自己联系起来时，她的第二份工作就是把他们的兴趣延伸到父亲身上。然而，如果她对她的丈夫不感兴趣，那么这项工作几乎是不可能完成的。接下来，她要把孩子的兴趣转向身边的社交生活，转向家里的其他孩子，转向朋友、亲人和陌生人。因此，她的工作是很神圣的：她必须让孩子于人生中第一次去体验信赖别人的感觉，然后慢慢扩大这种信任和友谊，直到这种信任和友谊传播到整个人类社会。

如果一位母亲只专注于让孩子对自己感兴趣，那么孩子以后可能会讨厌所有让他对别人感兴趣的尝试。他总是向母亲寻求帮助，对那些他认为试图瓜分母亲对自己疼爱的竞争对手怀有敌意。比如说，母亲对父亲或其他孩子的关心可能被这个孩子理解为剥夺了她爱他的权利。孩子会形成这样的观念："我的母亲属于我，不属于任何人。"

大多数的现代心理学家误解了这种情况，认为它与性欲相关。例如，在弗洛伊德学派的俄狄浦斯理论中，就假设了儿童有"热恋母亲、想要跟母亲结婚、厌恶父亲想要杀掉他"的倾向。如果我们了解孩子的成长心理历程，就不会出现这样的错误认识了。俄狄浦斯情结只出现在那些想得到母亲充分关注，并尽量避免其他人分享母爱的孩子身上。这种欲望与性无关，是一种想要支配母亲、完全控制她、使她成为自己的仆人的欲望。只有那些被母亲惯坏的、在世界上其他地方找不到归属感的孩子才会产生这种渴望。极少数情况下，是因为一个男孩一直处于只与他的母亲联系的情境中，认为只有母亲才能解决他的爱情和婚姻问题。这种态度的深层意义是，他想不出还有哪一位女子会像母亲那样配合他，不相信还有别的女人愿意像他母亲那样做他卑微的仆人。因此，

"俄狄浦斯情结"是错误教育方法所形成的一种人为产物。不需要假设这是某种乱伦的遗传本能，也不需要把这种反常的本能与性联系起来。

当一个被母亲束缚的孩子进入离开母亲的情境中时，麻烦就开始了。例如，当他去学校或者和其他孩子在公园玩的时候，他的目标仍然是和母亲联系，在任何时候都不想离开他的母亲，希望母亲永远在他身边。他想占据她的心，让她永远关注他，他不择手段地想要成为母亲的宠儿。为此，他总是一副弱不禁风的样子，靠装疯卖傻来获取母亲的同情。他可以轻车熟路地装哭或生病，以显示多么需要母亲的照顾。另外，他可能经常怒气冲冲，不服从他母亲的管教或与她天天斗嘴，以赢得她的注意。在问题儿童的案例中，我们见识了各种各样被宠坏的孩子，他们努力想得到母亲的关注，抗拒社会环境所带来的每一个要求。

孩子们很快就能掌握吸引母亲注意力的最有效的方法。被宠坏的孩子常常害怕独自一人待着，尤其是在黑暗中。他们害怕的不是黑暗本身，而是想用恐惧把母亲拉回到身边。有一个被宠坏的孩子总是在黑暗中哭泣。一天晚上，母亲听见他在哭，就走到他跟前问："你为什么害怕？"

他回答说："因为天黑。"

但是母亲现在看穿了他的意图，她说："我来的时候，难道天就不黑了吗？"

其实，黑暗本身并不重要，他对黑暗的恐惧并不多，之所以哭，意味着他不想和母亲分开。如果这样一个孩子与母亲分离了，他就会用所有的情感、所有的能力、所有的智力，创造一个母亲必须与他亲近，并马上回到他身边的条件。他可能会惊声尖叫、号啕大哭、辗转反侧或用装病的方法，故意强迫母亲赶紧来找他。教育家和心理学家认为，这类孩子采取的最常见的方法之一就是告诉你他感到恐惧。在个体心理学中，我们通常不先去了解孩子恐惧的表面原因，而去关注孩子恐惧背后的真实目的。所有被宠坏的孩子都会说他们害怕一些事情，然后利用自己的恐惧感来吸引母亲的注意，结果这成为他们生活方式。他们用这方法来实现与母亲重新联系的目标。怯懦的孩子很多都是被宠坏了的孩子，想继续享受这种被宠坏的感觉，于是，一旦享受不到，"恐惧"这个借口就会粉墨登场。

有时，这些被宠坏的孩子会被梦魇所困扰，他们会在睡梦中大声哭泣着醒来，这是一种常见的症状。如果秉持"睡眠是清醒的对立面"的观点，这症状就不可能得到解决。我们前面讲过，睡眠和清醒并非对立，它们是同一事物的不同变化阶段。在被宠坏的孩子梦里，他们的动作和心理跟清醒的时候差不多。这种"想改变梦这种情境，以便使梦境与自己的利益更加切合"的目标影响了他的整个身心。经过一段时间的积累，他获得了很多经验，找到了实现这个目标的最有效的方法。即便是在睡梦中，与他的目的相一致的思想、形象和记忆也会进入他的脑海。被宠坏的孩子经过一段时间的摸索会发现，如果想和母亲在一起，噩梦的伎俩是最为简单有效的。即使长大了，他们也仍然会持续着那种充满焦虑的梦。这是因为，梦魇是一种获得别人注意的手段。虽然母亲已经不在身边，但这手段已经成为一种生物钟般的机械式反应。

这种"焦虑博取关注"的方法被娇生惯养的孩子普遍应用，假如一个被宠坏的孩子在睡觉时从不惹麻烦，那才是不可思议的事情。他们会采用很多吸引人眼球的招数：有的孩子觉得睡衣不舒服；有的孩子要求喝水；还有的孩子害怕强盗或野生动物袭击自己；有些孩子如果没有父母坐在床边就无法入睡；有些孩子会做噩梦；有些孩子会从床上摔下来；甚至还有些孩子会尿床。

我曾经诊断过一个被宠坏的孩子,她晚上似乎从不惹麻烦。母亲说她睡得很香,一般不做噩梦,也不会在半夜醒来,从来没有惹过什么麻烦,只有在白天的时候她才会麻烦不断。这真是令人惊讶!我提到一般情况下,被宠坏的孩子为引起母亲的注意会出现许多症状,但这个女孩一种都没有出现。我百思不得其解,后来问道:"她睡在哪儿?"她的母亲回答说:"在我床上。"我这才恍然大悟。

生病是被宠坏孩子的另一个必杀技。因为当他们生病时,会得到比平时更多的关注。刚开始的时候,这样的孩子通常不会暴露出问题儿童的倾向,直到他患上了一场小病。乍一看,似乎是这次生病使他成为一个问题儿童。事实上,这是因为康复后,他仍然惦记着生病时所得到的关注。如果母亲没有像他生病时那样溺爱他,他就会制造麻烦来报复母亲。有时,一个孩子能从另一个孩子因为生病而成为父母关注的中心这件事深受启发。所以他也盼望自己能生病,甚至故意亲吻生病的孩子,希望被他的疾病所感染。

我知道有这样一个女孩,她在医院住了四年,受到医生和护士们精心的照料。当她回家时,父母起初很关心她,但几周后,他们对她的关心减弱了。如果她想要什么东西却得不到,她就会把手指放进嘴里说:"我还不如待在医院里呢!"这句话提醒了她,然后她又生病了,终于又回到那个可以让她为所欲为的地方了。在成人世界里,我们也可以看到同样的行为,比如一些人热衷于谈论他们的疾病或动过的手术。但也有另外一种情况存在。有些时候,一些问题儿童的父母会发现自己的孩子在某次生病之后恢复了正常,不再困扰他们了。我们之前说过身体的缺陷是儿童的另一个负担,可能是身体缺陷这个负担消失了,使他们去了一块心病。特别需要注意的是,这不足以解释儿童的性格特征。没有经过深层的研究，无法确定身体上物理缺陷的消失，是否已经对孩子的性格产生了影响。

有个家庭中有个问题男孩，他不听话、撒谎、偷窃、逃学、打架斗殴，惹了很多麻烦，老师对他束手无策，所以打算送他去感化所。就在那个时候，孩子得了一场大病。他的臀部患了结核症，结果在石膏里躺了六个月。当他病好后，却成了家里最乖的好孩子。我们不相信这种疾病会对他性格产生如此大的影响，很明显，这种变化是因为他意识到自己以前的某种看法错了。他一直认为父母偏爱他的哥哥，觉得自己被忽视了。然而在生病期间，他终于意识到自己也是大家关注的中心，每个人都在照顾他、帮助他，这使得他放弃了别人总是忽略他的想法。

或许有些人会这样想，要纠正上文中提到的母亲经常犯的错误，最好的方法是不让她们照顾孩子，把孩子送进幼儿园，让幼儿园的老师或者阿姨来照顾。这种想法实在是太可笑了。如果这样做我们就要找到一个母亲的代言人，扮演孩子母亲角色的这个人必须要像对待自己的孩子一样对他感兴趣。当然，一位幼儿园的阿姨或者老师不会对这个孩子产生比她自己的孩子更浓厚的兴趣。在孤儿院长大的孩子往往对别人不感兴趣，因为没有一位类似母亲的角色曾在他们和别人之间架起一座桥梁。过去，曾有人对孤儿院里一些体质不佳的孩子做过一个实验。他们请护士和修女来对孩子们进行特别照顾，或者把他们安置在私人家庭里，让家中的女人把他们当作自己的孩子一样对待。结果表明，选择合适的保姆可以显著改善儿童的状况。因此，抚养这些孩子最好的方法是帮他们找到一个可以扮演父母角色的人，让他们过上正常的家庭生活。如果我们不得不把孩子从父母身边带走时，首要任务就是帮助他们找到一个能真正履行父母责任的人。从许多人生失败者的出身是孤儿、私生子、弃儿或父母婚姻破裂的孩子这一事实中，我们可以看到母亲的温暖和关怀是多么重要。众所周知，继母是出了名的难当，因为她们的前任儿女经常反抗她们。但这个问题并非不可克服。我遇到过许多再婚的女人，她们成功地解决了这个问题，但大多数女性并不了解怎样应对这种情况。母亲去世后，孩子原本可以向父亲寻求帮助，继续得到父亲的宠爱。现在他觉得失去了父亲的照顾，转而对继母起了敌对之心。如果继母认为她必须反击，孩子就真的有麻烦了，他们可能会成为挑战继母的孩子，引发的反抗可能会更加强烈。和孩子争斗是一场旷日持久的战斗，孩子永远不会因为家庭争斗的输赢而妥协。在所有的解决方案中，最温和的方法或许是最有效的。如果一个孩子被要求给予什么，他一般会拒绝。如果他们能认识到合作和爱是不可能通过武力得到的，那么在这个世界上的家庭中，不必要的紧张和无用功则是可以避免的。

父亲在家庭生活中的角色和母亲同样重要。首先，如果父亲和孩子之间的关系不亲密，那么孩子长大以后就会产生负面影响。正如我们前面所说的，如果母亲不能把孩子的兴趣扩展到父亲身上，就会出现某些危险，孩子的社会情感发展可能会受到严重阻碍。父母婚姻不幸福的家庭对孩子来说也很危险。他的母亲可能觉得自己不够强大，不能把父亲留在家里陪伴自己，所以希望自己的孩子能够完全依赖自己。也许父母双方都会因为他们的个人兴趣而试图让他们的孩子成为自己想要的样子，结果这就变成了家庭中争论的焦点。他们都希望孩子紧跟着自己的人生规划，爱自己胜过爱伴侣。如果孩子发现父母之间有这种冲突，他们可能会巧妙地让父母为自己而争论，从中获取渔翁之利。如此，这样的父母之间无形中会有一场竞赛，看谁最擅长管理孩子，或者看谁更宠爱孩子。在这样的家庭环境中长大的孩子不太可能接受团队合作的训练。他与人合作的第一感觉来自父母关系不好的坏印象，所以无法学会如何合作。更重要的是，孩子们对婚姻和异性伴侣的第一印象来自父母的婚姻。婚姻不幸福的父母抚养的孩子也会对婚姻持悲观态度，除非他们悲观的第一印象能在日后得到纠正。即使是成年之后，他们也觉得自己的婚姻命中注定是不幸的。他们会尽量避开异性，认为他们对异性的追求是不会成功的。所以，如果父母的婚姻不和谐，不是正常社会生活的状态，彼此不能为家庭的向前发展做出贡献，那么孩子的心理肯定会遇到重大障碍。婚姻的意义是两个人结合起来寻求共同的幸福，这幸福包含了他们的幸福、孩子的幸福和整个社会的幸福。如果婚姻三个方面中的任何一个方面失败了，它就不能与生活的要求相协调。

婚姻是一种伙伴关系，任何一方都不应该试图去支配另一方。这一点值得我们详细讨论，不应被当作陈词滥调而忽视。不管任何人，都不能在家庭生活中滥用权威。如果家庭中有一个成员比其他成员更引人注目或受到区别对待，那一定非常不幸。如果一个家庭中父亲的脾气不好，他想要控制家里的其他成员，家里的男孩就会形成一个错误的观念，认为男人天生就应该是这样的。家里的女孩受到的心理伤害更大，在后来的人生中，她们会认为男人是暴君，婚姻是一种奴隶或从属的关系。有时，她们试图通过性别混乱来避开婚姻。

如果母亲在家庭中掌握更多的权力，整天唠叨家里的其他人，情况就会逆转。女孩可能会模仿她们的母亲，变得刻薄和挑剔。男生总是站在防守的位置上，会变得懦弱内向，害怕被批评，并努力寻找机会表现出他们的尊重和拘谨。有时候，家庭中不仅有一位暴君母亲，姐姐、阿姨也会加入到控制他的阵营当中。结果，他会变得更加保守，对社交活动敬而远之。他会害怕今后遇到的每个女人都有这种唠叨、吹毛求疵的毛病，所以对所有女人都敬而远之。没有人喜欢被批评，但如果一个人把避免批评作为生活的重心，那他与社会的各种联系都会受到干扰。他会以自己的感觉来看待一切："我是征服者还是被征服者？"当人们把自己与他人的关系用"征服"的字样来定义时，他们肯定不会懂得什么是真正的友谊。

　　至于父亲在家庭中的职责，可以归结如下：作为家中的顶梁柱，他必须证明自己是妻子、孩子和社会的好伙伴。他必须以一种好的方式处理生活中的三个问题——事业、友谊和爱情分别对应职业、合作和性。他必须在平等的基础上，和妻子一起工作，照顾和保护他的家庭。他不应忘记女性在家庭生活中所具有的创造性作用，更不应轻视这一点。他的责任不是贬低妻子作为母亲的作用，而是与她一起努力。在金钱方面，我们应该强调，即使父亲是家庭主要的收入来源，钱仍然应该由家庭共同分享。父亲不应该表现得好像他在恩赐钱财给家庭的其他成员一般，也不应该让家人觉得他们在接受一份施舍。理想的婚姻状况下，男主人提供的经济支持应该是家庭成员分工和夫妻合作的结果。许多父亲利用他们的经济地位来支配家庭。但是，家庭中不应该有统治者，应该避免一切造成不平等感觉的做法。每个父亲都应该知道，我们的社会文化过于强调男性的主导地位，所以当妻子嫁给她的丈夫时，通常她会担心自己的地位下降。丈夫不能仅仅因为妻子是女人，挣的钱不如自己多，就认为妻子的地位不如自己。如果想让家庭生活真正和谐，就不应该考虑谁挣钱养家或谁做家务的问题，也不应该去思考妻子是否能为家庭的经济条件做出贡献的问题。

　　父亲的言传身教，对孩子影响很大。许多孩子一生都在崇拜他们的父亲，有些孩子则视父亲为最大的敌人。特别要注意的一点是：惩罚，尤其是体罚，对孩子非常有害。不以友好的方式进行的教育，是错误的教育。不幸的一点是，家庭中惩罚孩子的责任往往落在父亲身上。我们说它是不幸的，有下面几个原因。首先，一些母亲们相信，女人不能真正成为教育孩子的那个人，她们需要强有力的男人来帮助她们教育孩子。如果一个母亲告诉她的孩子："等你父亲回来再好好教训你！"这句话会给自己孩子"应该把父亲看作是生命中最强大、最有权势的人"的暗示。其次，这种做法破坏了父子关系，使孩子们害怕他们的父亲，而没有把父亲当作一个值得交往的朋友。还有些母亲害怕失去孩子，担心如果她们亲自惩罚孩子，会失去孩子对她们的感情。可是，仅仅为了解决这个问题，就把惩罚孩子的责任转移到父亲身上，这是不负责任也是毫无效果的。孩子们并不会因为她没有亲自动手而是叫来父亲揍他们一顿，就对她心怀感激。许多母亲至今仍然用"告诉父亲"的方式来强迫孩子服从她们的命令。那么，长大之后，这些孩子会如何看待男人在生活中的地位呢？

如果一个父亲可以积极地处理生活中的三大问题，他将成为家庭的支柱，将会是一个好丈夫和好父亲。他平易近人，朋友满天下。如果他在外面结交了朋友，就会把家庭变成孩子社交生活的一部分，可以带自己的孩子去结交那些新朋友的孩子，这样孩子就不会自我封闭，也不会被传统观念所孤立或束缚。家庭成员之外的人的影响也可以进入家庭内部，父亲通过言传身教来教导孩子们如何感受社会和学会合作。丈夫和妻子的交际圈是否重合并不重要，但他们应该有相同的社交生活，避免那种让他们看起来貌合神离的情况。当然，我并不是说父亲和母亲应该天天待在一起，而是说他们不应该觉得跟彼此相处有任何困难。如果一个丈夫不想把他的妻子介绍给朋友，那么他们的婚姻肯定出现了问题。

在这种情况下，他的社交生活的中心会放在家庭之外。随着孩子的成长，父亲该做的是要让他们知道，家庭只是社会的一个单位，家庭之外也有许多值得信赖的人。

如果一个父亲和他的父母、兄弟姐妹相处得很好，那么孩子的合作能力可能非常令人期待。当然，他最终还是会离开父母组建新家庭自立门户，但这并不意味着他不喜欢原来的家庭，要和家人分手。有时候，当两个仍然依靠父母生活的人结婚时，他们会过分重视与原来家庭的关系，当他们说"家"的时候，实际上是指他们父母的家。若仍然认定父母是家庭的中心，那他们就不能真正建立自己的家庭。这个问题与所有家庭成员的合作能力有关。有时一个男人的父母很霸道，想知道儿子生活的每一个细节，就会给这个新家庭增添各种各样的麻烦。他的妻子会觉得不受尊重，对公婆的干涉会感到愤怒。当一个男人不顾父母的反对而结婚时，这种情况极有可能发生。当然，他的父母可能是对的，但也可能不对。如果他们对儿子的婚姻不满意，可以在婚前提出反对意见，但现在他们已经结婚了，只有一条路可走——尽可能把它变成一桩美满的婚姻。假如没有出现门当户对的情况，丈夫应该了解其中的艰辛，不必整日为此感到苦恼。他应该把父母的反对看作是对自己过错的惩罚，并努力为自己选择的妻子辩护。夫妻双方不需要让父母批准他们的婚姻，但如果丈夫以合作的态度做通妻子的工作，使她理解公公婆婆是在为两个人的幸福和利益考虑，在这种情况下，他们的婚姻显然是可以顺利持续下去的。

任何人对父亲最明显的期望就是希望他能帮助自己解决职业上出现的问题。作为父亲，男人们必须经受职业训练，必须有能力养活自己和家庭。在这方面，他当然可以从妻子那里得到帮助，他的孩子将来也可以帮他，但是，在我们现代的文化环境中，经济责任仍然主要落在男人的肩上。为了解决这个问题，他必须勤奋工作，必须充分钻研他的职业，知晓职业的优缺点。他必须与行业中的其他人合作，竭尽全力使同事和客户喜欢他。不仅如此，他的态度也影响着孩子们将来面临职业问题时的态度。因此，他必须成功地解决职业问题——找到一份对全人类都有贡献的事业。但是，他是否认自己所从事的职业并不重要，重要的是这项工作本身必须是有意义的。我们可以不必完全听从父亲对自己职业的建议，如果他是一位自私主义者，那固然是可悲的，但如果他的工作为人类的共同幸福作出了贡献，那么他的自私就显得不那么重要了。

然后，我们将讨论爱情问题的解决方案，即怎样步入美满的婚姻和如何建立幸福的家庭。一个男人要变成他人的丈夫，必须满足一个重要的条件：他必须对配偶产生很浓厚的兴趣。一个男人是否对一个女人感兴趣，要想看出来其实是很简单的事。如果他对她感兴趣，他就会对她喜欢的东西感兴趣，他会把她的幸福当成必须考虑的目标。当然，不止这些情感可以证明彼此之间有兴趣，还有很多种情感也可以作为夫妻相处和谐的证明。一位优秀的丈夫一定是妻子的好伴侣，他一定会努力工作，使她的生活更舒适和富裕。事实上，只有当夫妻双方都觉得彼此的幸福高于其个人利益时，双方都对对方的兴趣比对自己的更浓厚的时候，才有可能进行真正的优秀合作。

丈夫不应该在孩子面前过于公开地表达对妻子的爱意。夫妻之间的爱不能和他们对孩子的爱相比，因为这是两种完全不同的感情，不能相互抵消或增加。如果夫妻在孩子面前表现得太亲密，孩子无形之中会觉得自己的地位降低了，他们会因此变得嫉妒，想要和父母中的任何一方竞争。配偶之间的关系不应以那么随便的方式展现给孩子。

此外，当父母向儿女解释性问题时，除了孩子在发育阶段想知道的、并且可以理解的生理知识之外，没有必要告诉他们太多。我认为这个时代有一种不好的倾向，就是告诉孩子们太多关于"性"的事情，以至于他们无法正确地理解"性"，最终导致不恰当的兴趣和好奇心，有的孩子甚至不把"性"当回事。告诉孩子太多的性知识，并不比对孩子"谈性色变"或装疯卖傻的态度好多少。所以，最好先了解孩子们想知道什么，只回答他们想知道的问题，而不是强迫他们接受我们从成年人的角度所了解的东西。必须先赢得孩子们的信任，进而与孩子们合作，帮他找到解决"性"这个问题的办法。这样做就不会犯大的错误。

一些家长担心他们的孩子会从同龄人那里听到不恰当的性知识，这也毫无根据。受过良好合作和训练的孩子永远不会被朋友的话所误导，在这些事情上他们通常比长辈更小心。一个不愿接受错误想法的孩子，是不会受道听途说的影响和毒害的。

在现代社会中，男人们有更多的机会体验社会生活，了解社会制度的利弊，了解自己与国家乃至世界的关系，他们的活动范围仍然比女人大。因此，在社会知识这种问题上，父亲应该是妻子和孩子的顾问。当然，他不能因为自己有更丰富的经验就夸夸其谈。另外，他也不是家庭教师，不能以师长的姿态去告诫他们，而应该像他的朋友们一样娓娓而谈，避免引起妻子和孩子们的反感和抵触情绪。即使他们最终被他的看法所折服，父亲也不能因此忘乎所以，沾沾自喜。如果妻子没有受过良好的合作训练，在传授知识的过程中反对他的主张，就不必顽固地坚持原来的观点，或者想要用权威迫使对方低头，而应该找到另一种方法来消除这种抗拒，在这种问题上，与妻子争论没有任何意义。

一个家庭不应该过分强调金钱，或使金钱成为家庭争论的话题。女人通常不担负挣钱的责任，但她们往往比丈夫对钱更敏感。如果因为不善理财的名声受到批评，她们就会受到深深的伤害。应在家庭经济能力范围内，以合理的方式对金钱进行安排。妻子或孩子不应该强迫父亲支付超出他负担能力的费用。从一开始，我们就应该计划好自己的家庭开支，这样就不会有家庭成员觉得自己吃亏了。父亲也不该认为只有金钱才能保证孩子们的未来。

我读过一本有趣的美国小说。书中这样描述：一个白手起家的富翁希望他的子孙能摆脱贫困和窘迫，于是他向一位律师求教。那位律师问他是不是这样想：即使自己身故后，后面的几代人也能衣食无忧。他告诉律师说："如果可以的话，我希望做一个计划，可以使得我的十代后人还能过着富足的生活。"

"你当然可以这样做，"律师说，"但是你知道吗？你的后人们，他们不停地与别的家庭联姻。到了第十代，他们每个人都可能有五百多位祖先。五百多个家庭都算是你的亲家，他们也可以说你的第十代子孙是他们的后代。那么，这时候的十代子孙还能算是你的后裔吗？"

在这个故事里，我们察觉了这样一个事实：无论我们为子孙做什么，实际上都是在为整个社会做贡献。我们无法摆脱人类的这种联系。

如果家庭中没有一位独断独行的霸主，就会产生真正的合作。父母必须共同努力，就孩子的教育问题进行协商。他们不应该表现出特别偏爱哪个孩子，这非常重要。并非是危言耸听，有些孩子之所以对自己的生活失去信心，完全是因为他们觉得家里的另一个孩子更受宠爱，尽管有时候这种感觉并不完全正确。但如果父母对孩子们一视同仁，这种感觉就不太可能继续发展。如果父母有重男轻女的情结，家族中的女孩肯定会有自卑情绪。孩子们非常敏感，如果他们怀疑别人会更受欢迎，即使是那些好孩子，也可能在生活中走上歧路。有时候，如果孩子中有一个特别聪明或特别可爱的，家长就很难控制自己，会更加偏爱这个孩子。但家长们应该巧妙地避免表现出这种偏爱。否则，这个有天赋的孩子就会给其他孩子的人生投下阴影，使得他们变得抑郁。他们会嫉妒这个有天赋的孩子，怀疑自己的能力，合作能力就会受到影响。父母仅仅口头上说自己没有这种偏爱是不够的，需要注意每个孩子的脑海中是否存在认为父母偏爱某个孩子的怀疑。

现在我们谈谈家庭合作中另一个非常重要的部分——即孩子之间的合作关系。只有当孩子们觉得他们之间的关系是平等时，他们才能对社会有强烈的兴趣；只有当男孩和女孩感到彼此平等时，他们的关系才不会有太大的障碍。许多人都有一种疑问："为什么同一个家庭长大的孩子个性却如此不同呢？"一些科学家将其解释为基因差异，但我认为这是一种不科学的说法。我们可以把儿童的成长比作小树的成长。尽管把一些树种撒在同一块地方，实际上每棵树占据的位置是不同的。如果一棵树栽种的地方有更多的阳光和更肥沃的土壤，它就会生长得更快。但是，它的发展也会影响其他小树的生长。它阻挡了它们需要的阳光，它的根四处伸展，吸收了它们需要的营养。结果，其他幼苗变得营养不良，生长停滞不前。在一个家庭中，如果有一个成员非常优秀，其结果将与我们的"小树生长理论"分析相同。别说孩子，父母都不应该在家庭中有太过突出的地位。如果父亲很成功或很有才华，孩子们会觉得他们的成就不能与父亲相比，会感到沮丧，生活的兴趣受到极大的阻碍。由于这个原因，来自明星家庭的孩子经常让他们的父母或社会失望。如果一位父亲在他的领域取得了巨大的成就，也不应该过分在家庭中强调自己的成功，否则就会阻碍孩子的发展。

孩子之间也应该注意这点。如果一个孩子一枝独秀，他可能会从父母那里吸引了大部分注意力，这对他来说是一种志得意满的情况，但其他孩子会讨厌这种状况。击败别人而不招怨恨几乎是不可能的现象。这样的优秀儿童伤害了家庭中的其他孩子，毫不夸张地说，这些孩子将会在精神缺乏温润的状态下长大。他们不会停止对优越感的追求，这种追求在成人后会转向其他方向，这些方向要么不切实际，要么在社会上毫无用处。

个体心理学曾经对孩子出生顺序的利弊专门开辟了一个研究领域。为了简单起见，让我们假设一个家庭的父母能够很好地合作，并尽最大努力去抚养他们的孩子，这是课题研究的前提。在这种情况下，每个孩子在家庭中的地位仍然会有很大的不同，他们会在完全不同的环境中成长。这是为什么呢？必须再次强调，即使在一个只有两个孩子的家庭中，这两个孩子也不会处于完全相同的发展轨迹中，每个孩子都会在自己的生活方式中表现出不同的行为，以适应自己的特殊情况。

每位家里最大的孩子（后文都以长子称呼）都经历了一段独生子女"唯我独尊"的时期，长子通常受到很多关注和爱戴，已经习惯了成为家庭的中心。当第二个孩子出生时，他猝不及防地强迫自己去适应新的环境。仓促之间，他发现自己毫无准备地从宝座上摔了下来，因为另一个孩子出生了，他不再是家里唯一的心肝宝贝。现在，他必须和另一个对手分享父母的关心。这一变化将对他的心理产生重大影响。我发现，问题儿童、心理变态者、罪犯、酗酒者和堕落者的心态大多是在这种环境中形成的——对另一个孩子的出生深感不安，这种不安感最终影响了他们一生的生活方式。

长子之外的其他孩子也可能会因为新生儿的诞生失去他们的地位，

但他们的逆反心理可能没有那么强烈。因为他们并没有独占父母的爱，都拥有和至少一个孩子一起分享这份爱的经验，所以他们没有太大的情感波动。但对最年长的那个孩子来说，这是一段非常不同的过渡阶段。如果他真的因新生儿的到来而被排除在父母的关爱名单外，肯定不能平静地接受这一事实。要是他对此愤懑不已，也不应该苛责他。当然，如果父母能给他信心，让他明白其被爱的地位不会因此受到威胁；如果他已经准备好迎接弟弟妹妹的出生，并学会如何帮助照顾他们，那这种危险就会烟消云散，不会留下任何痕迹，也不会导致任何严重后果。但通常情况下，长子们并没有准备好。他们总是认为这个新生婴儿剥夺了他曾经享有的关心、喜爱和赞扬。他开始试图让父母重回到他身边，想方设法重新引起他们的注意。

我们经常会看到母亲在自己的两个孩子之间左右为难，每个孩子都希望得到她更多的关注。年长的那个孩子往往会不择手段试图获取母亲的注意。我甚至可以推测出他在这种情况下的种种手段。如果我们处在他的环境中，为追求自己的目标，也可能会做出和他大同小异的事情——我们会去骚扰母亲，和她顶嘴，表现出一些她不能放任不管的坏苗头。很多长子们也是这么做的。结果，他们把母亲惹毛了，陷入了更为不利的境地。母亲因他们造成的烦恼而沮丧，反而愈加冷落他们。在那一刻，他们真正地感到没有人爱他。值得讽刺的是，他为母亲的爱而战，结果却失去了母亲的爱。他觉得自己被冷落了，而他采取的行动却把他推到了孤家寡人的地步。在他心目中，其他人都错了，只有他才是唯一正确的人。这就好像掉进了一个陷阱，他越挣扎，陷得越深。他对自己地位不保的认识不断得到事实的支持。如果一切证据都证明他是对的，他又怎能放弃斗争呢？结果他越来越叛逆，母亲就会对他越来越失望。

要是我们发现家庭中出现这样的斗争，就必须详细研究具体情况。如果母亲对这个孩子的行为进行了粗暴的惩罚，孩子就会变得更加暴躁、粗鲁、挑剔和逆反。当他觉得母亲背叛他时，父亲经常会给他一个机会来恢复他以前受宠爱的地位。这时候他就会对父亲产生兴趣，想要赢得父亲的爱和关注。大一点儿的孩子通常更喜欢和父亲粘在一起。只要孩子变得喜欢父亲多一些，我们就可以得出结论：孩子的成长已经步入了下一个阶段。他最初依附于母亲，现在母亲已经失去了他的好感，所以作为一种谴责母亲的手段，他把这些感情转移给父亲。如果一个孩子偏爱他的父亲，我们就知道他与母亲之间经历过一场战争。他觉得自己那段时间被母亲冷落了，然后把这段记忆永久地封存起来。今后，这个孩子人生的整个生活方式都建立在这一点之上。

这种争斗可能是旷日持久的，有时甚至会持续一生。孩子们学会了争斗和坚持，可以在任何情况下继续与父母赌气。如果今后他找不到一个和自己兴趣相投的人，他就会感到绝望，认为自己再也不能赢得别人的感情。在这种孩子身上，我们会发现个性乖张、保守胆小、不能与人坦诚合作等缺点。这种孩子把自己置于孤立无助的境地，他所有的动作和行为都指向过去——他曾是家庭中被关注的焦点。因此，大一点儿的孩子往往会无意识地表现出对过去的兴趣。他喜欢回顾过去、谈论过去，在怀念过去的同时展现出对未来的悲观。从历史上看，一个统治过一个小王国但后来失去权力的孩子，比任何其他孩子都更懂得玩弄权术，因为他们深谙权力的重要性。当他们长大后，越发喜欢玩弄权力，夸大规则和纪律的重要性。凡事必须按律法执行，不可随意更改律法，并且认定权力应该掌握在那些被授权的人手中。不难理解，这些经历往往会令他们在儿童的时期就产生了强烈的保守倾向。即使这个人已经为自己争取了一个良好的地位，他依然怀疑别人想赶上他，会把他从王位上拉下来，从而取代他的位置。

长子的位置可能会造成一些特殊的心理问题，但如果处理得当，也可以避免副作用。如果他在第二个孩子出生之前就学会了如何合作，就不会在感情上受挫。其实，我们经常能发现长子具有喜欢保护或帮助别人的优秀品质。他们也会模仿父母经常在弟弟妹妹面前扮演父亲或母亲的角色照顾他们、教导他们、对他们的日常生活负责。有时他们会运用杰出的组织领导才能，带领弟弟妹妹们完成某种任务，这些都是很好的例子。然而，保护他人的努力也可能转变成渴望他人依赖自己或支配控制他人的欲望。欧美地区的研究数据表明，绝大多数的问题儿童是长子，紧随其后的问题儿童是幼子。这说明，极端的地位会带来极端的问题，这真是一个有趣的现象！这项数据也说明我们的教育方法还没有成功地解决长子的心理问题。

一个家庭中的第二个孩子（后文都以次子称呼），处于跟长子完全不同的地位，他在家庭中的状况也与任何其他孩子不同。从出生起，他就不得不和另一个孩子分享父母的关爱，所以他比长子更容易与他人合作。要不是他的哥哥或者姐姐对他的诞生怀有敌意并时时刻刻想要压制他的话，他的处境就相当舒服了。关于他在家庭中的地位，最引人注目的事实是他与长子有一些不同之处——在童年时代，家里总有一个竞争对手存在。他前面有一个哥哥或姐姐，他或她的年龄和发育都远远超过了他，他不得不使出浑身解数来追赶哥哥或姐姐的脚步。典型的次子性格很容易辨认——他表现的状态好像是在赛跑一样，有人已经比他领先一两步，因而他不得不奋起直追赶上对方。所以次子一直处于紧张状态，发誓要超越和征服他的哥哥或姐姐。在这方面。圣经给了我们很多奇妙的心理暗示，在雅各（Jccob）的故事中，我们看到了关于次子性格的典型描述。雅各希望成为第一，打败哥哥以撒（Esau），从而取代以撒的位置。次子不愿屈居人下，努力工作以超越别人，而且经常能够成功。有趣的是，次子通常比长子更有才华、更容易成功。此外，我们认为遗传基因在这一比较过程中没起到任何作用。如果次子更容易取得成功，那只是因为他对自己期望更高、要求更严格的缘故，而不是因为他生来就比长子聪明。甚至于当他长大离开家庭之后，也经常会为自己找一个竞争对手，把自己与他认为处于优越地位的人进行比较，然后想尽办法超越那个人。

我们不仅在现实生活中能看到这些特征，在各种各样的人格表现中也能看到，比如说在梦中。例如，长子经常梦见从高处掉下来。他们站在顶端，却不能保证自己能保持住优势地位。另外，次子经常梦见参加比赛。他们要么是跟在火车后面跑，要么是在和骑自行车的人比赛。有时，一个人在梦中显得紧张或匆忙，我们就可以推断他是家中次子。

然而，必须强调，上文这些推测实际上并没有那么严格的界限。那些拥有像长子一样心理问题的不良少年，其实并非完全局限于长子。我们需要全面考虑孩子的所有情况，而不仅仅只是去看他们出生的顺序。一个大家庭中，晚出生的孩子有时也会面临长子一样的尴尬。例如，夫妻在连续生下两个孩子之后，隔了很长一段时间才生下了老三，隔了很长一段时间后，连续生下了别的孩子。如果是这样的话，那么相当长一段时间内都独享宠爱的老三也可能具有长子的全部心理特性。次子的情况也是如此。上文中假如老四和老五降生以后，看上去也会是一个典型的次子性格。两个一起长大的孩子，只要年龄相近，跟其他的孩子的年纪又差得很远，那么他们两个就有可能形成长子和次子所拥有的各种特征。

　　有时候，长子在这场兄弟战争中被打败，我们就会发现长子的心理出现了问题。也有时候，他保住了自己的位置，压制住弟弟或妹妹，那么陷入麻烦的就变成次子了。在第一种情况中，如果败北的长子是男孩，胜利的次子是女孩，长子就会陷入非常困难的境地。他不能承受被女孩子打败的危险，在这种情况下，失败可能会被看作是奇耻大辱。男孩和女孩之间紧张关系的后果比两个男孩或两个女孩之间的紧张关系严重得多。另外，女孩总能在这样的争斗中获得优势地位。因为16岁之前，她的身体和心理发育都比男孩快。结果，她的哥哥放弃了与其斗争的想法，变得灰心丧气。于是他会用恶作剧或任何手段攻击妹妹，比如吹牛或说谎。我几乎可以保证，在这种情况下，最后的赢家基本上都是女孩。经常能看到男孩做了各种各样的错事，而女孩则轻而易举地解决了所有的难题，顺利地向前发展。事实上，这样的困境是可以避免的，但必须事先知道危险在哪里，应该采取什么预防措施。在家庭中，所有成员的关系应该是平等、合作和团结的，家庭当中不应该有敌意存在，孩子们不应该觉得某个兄弟姐妹是敌人，并花费大量时间与之战斗，只有这样才能避免不良后果。

　　家庭中几乎每个孩子都会有一个弟弟或妹妹，他们的地位都会受到威胁，但最小的孩子幼子或者幼女，以下统称幼子除外。因为是最小的孩子，所以他没有弟弟妹妹，但他有许多竞争对手。他是家里最小的孩子，也是最有可能被宠坏的孩子。他面临着一个被宠坏的孩子近乎所有的不利条件。但他应该很兴奋，因为他有很多资源、很多机会出头，最小的孩子经常以不同寻常的方式成长，他跑得比其他人都快，成长得比所有兄弟姐妹都迅速。幼子的优势地位在人类历史上一直以来都没有改变。在最古老的人类故事中，已经有关于最小的孩子如何超越他的哥哥和姐姐的记载。圣经中，征服者总是最小的孩子。约瑟（Joseph）本是家中最小的孩子。约瑟出生17年后，本杰明（Benjamin）才诞生，但本杰明的诞生却没有影响到他的地位。约瑟的宿命是幼子的宿命。他总是肯定自己的优越性，即使在梦也是一样中。别人必向他屈服，他的光辉湮没了他们。他的兄弟们非常清楚他的梦想，这对他们来说并不是什么稀奇事，因为他们一直和约瑟在一起，对他的态度心知肚明。他们都能感受到约瑟在梦中的感受，所以他们害怕他，想要避开他。约瑟最终还是变成了第一，在后来的日子里，他成了家庭的支柱，支撑着整个家庭。事实上，最小的孩子往往成为家庭的支柱，这并非偶然。人们明白这一点，所以编造了许多炫耀小儿子力量的故事。事实上，他处于一个相当有利的位置：父亲、母亲、兄弟姐妹都会帮助他；有许多事情可以刺激他的野心，也不会有人从背后攻击他或分散他的注意力。

但是，正如我们所说，问题儿童排名第二位的就是那些幼子们，导致这种现象发生的原因通常是由于整个家庭都溺爱他们。被宠坏的孩子永远不能自立，因为他失去了靠自己取得成功的勇气。幼子们看起来总是雄心勃勃，但大多数雄心勃勃的孩子都有点懒惰的毛病。懒惰是野心加上丧失勇气的结果，野心太高，高到看不出实现的希望时，自然会气馁。有时，幼子不承认自己有什么野心，但这只是因为他想在各方面都比别人好，他想无拘无束、唯我独尊。同样，最小的孩子的自卑感可能很强烈。这是因为，在他所处的环境中，每个人都比他年长、强壮、有经验。他常常觉得自己不行。

那么独生子女们也会有自己的心理问题吗？答案是肯定的。他在家庭中也有一个对手，但这个对手不是兄弟姐妹，他的竞争意识来自父亲，或者说只是想针对他的父亲。母亲总是溺爱她唯一的孩子，因为她害怕失去他，想把他置于自己的保护之下。结果，他发展出了所谓的"俄狄浦斯情结"——一种试图一直缠绕在他母亲裙带上，以及想将父亲排除在家庭圈子之外的愿望。如果父母共同努力，让孩子对父母双方都感兴趣，这种情况是可以避免的。但大多数父亲都不如母亲那般关心他们的孩子。独生子女与长子的心理非常相像，都想征服自己的父亲，喜欢比自己年长的人。独生子女通常害怕家中再诞生一个弟弟或妹妹。父母的朋友经常会对他们说："你应该有一个小弟弟或妹妹！"他非常厌恶这种预言，想永远成为父母关注的焦点，觉得这是他的权利。如果他的地位受到挑战，他会认为这很不公平。在以后的生活中，只要不再是父母关注的焦点，他就会制造出各种各样的麻烦。

另一个可能阻碍他发展的危险因素是他出生在一个谨慎的环境中，如果父母因为身体原因不能再生孩子，那么唯一能做的就是尽力帮助他解决独生子女可能遇到的所有问题，这就很容易宠坏孩子。

但在有可能生育更多孩子的家庭中，我们经常会发现独生子女呈现出一种特殊的心理状态。这种家庭中的父母一般都是胆小、悲观、谨小慎微的人，无法应付多生孩子的经济负担。这种情况下，家里弥漫着焦虑的味道，孩子们的成长受到了严重影响。

如果孩子们出生的年份距离太远，那每个孩子都会有独生子女的某些特征，尽管这并不是最理想的情况。我经常被问到："你认为一个家庭里孩子的最佳年龄差距是多少岁？""孩子是应该紧接着出生，还是应该间隔很长时间出生？"根据我的经验，两个孩子诞生的最理想的间隔时间是三年左右。三岁的时候，如果有更小的婴儿出生，这个孩子也能够表现出合作行为。这时候，他已经有点懂事，一定知道家里不可能只有一个孩子。如果他只有一两岁，父母无法和他交流，他也无法理解父母，所以也就无法让他为即将到来的一切做好准备。

作为一个在拥有很多姐妹的家庭中长大的独苗男孩，他也面临着一段艰难的幼年——他生活在一个全是女子的环境中，父亲大部分时间都不在家，他看到的只有他的母亲、妹妹和女仆。因为他与众不同，所以必须孤独地长大，尤其是当女孩们联合起来对付他的时候。她们觉得必须联合起来"教育"他，或者她们想证明男孩其实并没有什么值得骄傲的，于是制造了很多阻力和敌意。如果他出生的顺序刚好在中间，那真是抽到了最糟糕的签位——前有长姐的算计，后有幼妹的威胁，他将腹背受敌。如果他是长子，就有被一个强大的妹妹紧紧咬住的危险。如果他是幼子，他可能会被当作玩物对待。在女孩堆里长大的男孩往往不太讨人喜欢，但如果他能多多参与社交活动，与其他孩子互动，问题就迎刃而解。否则，在女生堆里厮混，他的风格也会变得女性化。纯女性的环境与男女混合的环境有很大的不同。如果有一套公寓，没有硬性规定居住环境，可以凭自己的喜好装修屋子，那么我可以得出这样的结论：如果这里生活的全是女人，公寓一定是整洁有序的，它的色彩、样式都经过细细挑选，哪怕最小的细节都很谨慎地处理过。但如果有男人住在里面就不会这么整洁了。可能到处都是凌乱和破旧的家具。和很多女孩一起长大的男孩往往会沾染上这种女性的品位，有一定的女性世界观。

而另外，他可能会强烈抵制这种氛围，把自己的阳刚之气看得很重。如果是这样，他就会一直注意提醒自己不要受女人的控制，会觉得有必要突出男性的伟大和优越性，所以他会一直处于紧张当中。这样的孩子非常容易走向极端，如果他不能变得非常强大，就会变得非常虚弱，这是一个值得研究和讨论的情况。这种情况发生的时间还是一个未知数，在进一步讨论之前，还需要研究更多的案例。同样，在男孩堆中长大的女孩可能会发展出一种特别女性化或特别男性化的气质。在生活中，她经常受到不安全感和孤立感的威胁。

每当我研究成年人的时候总能发现：童年时期给他们留下的印象永远不会磨灭。在家庭中的地位给他们的生活方式留下了不可磨灭的印记。孩子成长过程中遇到的每一个困难都是由于家庭中的敌意和缺乏合作意识造成的。看看我们生活的社会，想想为什么敌意和竞争是社会最突出的表现。其实，在这个世界上的每一个角落，时时刻刻都发生着争斗和竞争。我们应该意识到，一直以来，人类追求的目标就是超越和压倒别人，成为一名征服者。避免这种争斗的唯一方法，就是训练孩子们学会与他人合作。

第七章 学校的影响

在班级中的每名学生,应该都是平等的成员。只有沿着这个方向进行教育,孩子们才能真正对彼此产生兴趣,享受合作的乐趣。在学校教育的过程中,我们应该尽一切努力增加孩子的勇气和信心,帮助他们去除那些消极的人生目标对他能力的限制。

学校是家庭生活的延伸,如果父母能够承担教育孩子的责任,使他们能够妥善解决生活中的各种问题,那孩子就没有必要接受学校教育。一些情况下,孩子们完全可以在家接受知识训练。比如说,古时候的工匠不必上学,把从父亲那里学到的技能和从实践经验中学到的技能再传授给儿子就行了。然而,现代文明对我们提出了更复杂的要求。我们需要减轻父母身上的负担,通过学校来继续他们未完成的工作,现代社会需要孩子们接受比家庭教育更多的教育。

美国学校与欧洲学校有很大不同,欧洲学校经历过许多不同的发展阶段,但我们经常可以看到权威式传统遗留的痕迹。在欧洲教育史上,最初只有王子和贵族才可以接受教育,他们是社会上唯一有价值的群体,其他人注定要默默无闻、安贫乐道地生活一辈子。后来,社会体系发生了变革,教育被宗教机构所接管,只有严格挑选出来的少数人才能够学习宗教、艺术、科学和专业知识。

随着生产力和工业技术的发展，教育形式完全改变了，欧洲开始致力于普及教育。在乡村和小城镇，教师通常由鞋匠和裁缝担任。他们教孩子的时候，手里总是握着教鞭，这种教育的效果可想而知。曾经只有宗教学校和大学里才会教授艺术，甚至皇帝都可能是一个不学无术的人。而今天，就连普通的工人们都可以读读写写，加减乘除也算得很溜。这些，都是公立学校出现的功劳。

然而，公立学校都是按照政府的决策建立的。政府建立学校的目的是培养一些听话的公众，以便维护上层阶级的利益，并随时可以根据要求，让他们为国家效力。学校的课程也是为了这个目标而设置的。我记得，有一段时间，这种传统仍然存在于我的祖国奥地利。当时，对普通民众的教育方针是让他们服从，并强迫他们从事适合自己职位的工作。但慢慢地这种教育的缺点变得明显起来。自由思想开始萌芽，工人阶级越来越强大，他们对教育的要求也越来越高，公立学校因此采纳和接受他们的要求。现在我们这个社会流行的教育哲学是：我们应该教孩子们更多地考虑学习自己感兴趣的知识，我们应该创造机会让他们学习文学、艺术和科学，他们应该学习和分享整个人类文明，为社会作出贡献。我们不希望教育仅仅只是教会孩子赚钱的手段，或只是让他们能够在工业体系中占有一席之地。我们需要一起并肩的兄弟，我们需要平等、独立和负责任的伙伴。

不管是有意还是无意，所有那些建议学校改革的人都在寻找加强社会生活的合作方法。例如，性格教育（Character-education）的目标就是这样。据我所知，这显然是一个非常合理的目标。然而，总的来说，性格教育的原则和技巧还没有被很好地理解掌握。我们必须找到一群教师，不仅仅是为钱去教育孩子，而是为人类的利益工作。他们必须认识到这项工作的重要性，并受过良好的训练。性格教育还处于实验阶段，必须把教条放到一边。在性格教育中，我们不提出严格的要求。但即使在学校，教育的结果也不是很令人满意。到孩子们上学的时候，其中某些人已经成为家庭生活中的失败者，尽管他们受到警示或鼓励，却无法回归正途。因此，除了培训教师在学校里尽心竭力地帮助孩子之外，别无选择。

我花了大部分时间从事这项工作。我认为维也纳的许多学校在解决孩子的心理问题方面遥遥领先。在其他地方，虽然也会有精神科医生替孩子检查并给予建议，但除非老师愿意并知道如何去做，否则没有什么作用。即使精神科医生每周都到学校去为孩子诊断一到两次，甚至有时每天都去见一次孩子，也不能真正理解家庭和学校环境对孩子心理所产生的影响。他只能写一个处方，说孩子应该得到更好的营养或需要治疗甲状腺。也许他会给老师一个暗示，让孩子接受个别指导。然而，老师既不知道处方的疗效，也没有相关方面的经验。除非能完整地掌握孩子的性格，否则老师会不知所措。精神科医生和老师之间其实需要进行密切的合作，老师必须知道精神科医生所知道的一切。这样在孩子的问题被定性之后，他就可以在没有他人帮助的情况下继续下一步治疗的工作。如果出了问题，他知道如何补救——就像精神科医生在场时所做的那样。也许最有用的方法是我们在维也纳设立的那种咨询委员会（Advisory Council）。我将在后面的文章中详细描述这种方法。

当一个孩子第一次上学时，他将会面临社会生活中一次大考验。这个考验将暴露出他人生发展过程中出现的一些缺点。如今他不得不在比家庭更广阔的环境中与人合作。如果他已经习惯了家里养尊处优的地位，很可能不愿离开受保护的生活，去和其他孩子生活在一起。因此，在一个被宠坏孩子上学的第一天，就能看出社会对他的情感所产生的束缚。他可能会暴跳如雷，哭闹着想要回家。他对学校生活和老师都不感兴趣，不听从老师的教导，因为他总以自我为中心。不难想象，如果继续只对自己感兴趣的进行表现，他就会成为学校中的落后分子。经常有父母告诉我，那些问题儿童在家里一般都很乖，但当他到了学校后，就会隔三岔五地惹麻烦。由此，我们怀疑孩子可能觉得自己的家中更加舒适。在家里，他不需要接受考试，性格缺陷也会被家庭成员包容。但在学校，他不再受溺爱，所以认为这种情况对自己是一种巨大的打击。

有这样一个孩子，从上学的第一天起每天什么都不做，只是在嘲笑老师说的每一句话。他在学校里对什么都不感兴趣，大家认为他可能是个弱智。当我看到他时，问他："大家都想知道为什么你总是嘲笑学校。"他回答："学校是父母们搞出来的一场大笑话。孩子们被送到学校，被教导成傻瓜。"后来我发现，这个孩子在家里经常被人嘲笑，他相信每一个新的环境都只是一场捉弄他的计谋。我指出，他过分估计了自己的困难，过分强调自己的尊严，并不是每个人都想愚弄他。而现在，他对学校产生了兴趣，取得了显著的进步。

关注孩子的困难，纠正家长错误的教育方式，这二者都是学校教师的职责。教师们经常会发现，一些孩子已经为更广泛的社会生活做好了准备，并在家里接受了对他人感兴趣的相关培训。有些孩子则没有准备好。当一个孩子没有准备好面对这个问题时，他可能会犹豫或退缩。那些既没准备好且智商一般的孩子在适应学校生活方面犹豫不决的可能性更大。老师是帮助他应付这种新情况的最合适人选。

那么，老师应该怎样具体地帮助他们呢？教师需要做一个母亲应该做的事——与学生建立联系，对他们产生兴趣。教师不能只懂得惩戒学生。如果一个孩子到了学校，发现和他的老师或同学交流困难，在这种情况下，老师如果只是采取批评或指责的方式，只会给这个孩子一个仇恨学校或者老师的理由。必须承认，如果我是一个在学校经常被嘲笑的孩子，我就会远离老师、远离学校，并努力去寻找新的环境，另谋出路。大多数难以管教、不守规矩的问题学生都把学校看作一个不愉快的地方，并千方百计地策划各种逃学计划。他们糟糕的成绩并不是因为他们真的蠢笨，在为不想上学找借口或模仿父母的签名方面，他们往往会显示出巨大的天赋。在学校外面，他们找到了志同道合的逃学者。从这些同龄人身上，他们获得了在学校没有得到的认同感，这让他们很感兴趣，让他们觉得实现人生价值的圈子不是学校，而是问题青年群体。在这种情况下，我们大致可以猜到那些在学校中不合群的孩子是如何走上犯罪道路的。

如果一位老师想要吸引孩子的注意力，他必须首先了解孩子的兴趣是什么，并试图说服他，他可以在这个兴趣方面拥有伟大的成就。当一个孩子在某一方面特别自信时，以此为突破点，在其他方面推动他进步就容易得多。比如说，一个孩子的数学很好，我们对他说要是语文成绩跟数学一样就更棒了，孩子就会努力去学习语文。因此，从一开始就应弄清楚孩子对这个世界有什么样的看法；什么样的事物能吸引他的注意力；什么样的感觉能让他甘之如饴。有些孩子对观察事物最感兴趣，有些孩子喜欢聆听，有些孩子喜欢运动。视觉系儿童更可能对需要使用眼睛的科目感兴趣，如地理或绘画。但当老师讲课时，属于视觉系的他们可能会走神，因为他们不习惯集中注意力去倾听。如果这些孩子没有机会用优秀的眼睛学习，成绩就会落后于别人。人们有时可能会觉得自己能力不足或不够聪明，并将其归咎于自己的遗传基因不够优秀，但老师和家长也有责任和义务，引导孩子们去发现他们所感受到的美。我不是说需要对这些孩子进行特殊教育，而是说应该利用他最感兴趣的，鼓励他以同样的兴趣推动其他方面的进步。有些学校就采用了兼收并蓄的教学方式。在这种教学方式中，教材的编写格式可以同时被所有人接受。例如，将绘画、雕塑和普通课程结合在一起等，这是一种值得鼓励和提倡的做法。教授课程最好的方法是让课程内容与生活的其余部分联系起来，这样孩子们就能理解这门课的目的和他们所学知识的实际价值。有些人可能会问：那么，是直接按照课本的知识教孩子还是启发他们自己思考更好呢？在我看来，在这个问题上，硬要从泾渭分明的观点中选择一个实在太死板。因为这两种方法完全可以同时使用。比如说，我们可以把建造房子的实际问题与数学有机地结合起来教授孩子，让他计算出需要多少木材，里面可以容纳多少人等，孩子会觉得受益匪浅。事实上，把一些课程捆绑在一起是有可行性的，我们可以邀请很多专家把生活的实际知识和教材部分联系起来。举个例子，一位老师可以邀请学生们一起到郊外去闲逛，期间找出他们最感兴趣的话题。同时，老师也可以在散步的途中教他们关于道路两边出现的动物和植物的知识，进而利用植物或者动物的知识过渡到温度、湿度的影响到自然学科，国家的地理形状到地理学科，以及人类生活和其他方面。当然，我们这么做的前提是教师对自己所从事的教学工作真正感兴趣。没有这个前提，我们就不能指望他会采取这种教育孩子的方法。

在目前的教育体制下，我们发现，当孩子们开始上学时，他们对同学之间的竞争所做的准备工作要多过于合作。这种竞争意识也贯穿于他们的整个学校生活中，这是孩子们的不幸。如果一个孩子以较大的优势在班级中鹤立鸡群，他的不幸和那些落在后面的孩子相差无几。无论是鹤立鸡群还是远远落后，这两种孩子的本性是一样的，那就是只对自己感兴趣。他的目的不是给予或分享，而是自私自利地索取。正如家庭的完美状态应该是团结、平等的情况一样，学校也应该如此。只有沿着这个方向对学生进行教育，孩子们才能真正培养出对同学们的兴趣，享受彼此合作带来的乐趣。

我曾研究过很多问题儿童，当他们享受过与别人合作的甜头之后，就会态度完全改变，变得喜欢与同龄人合作，并分享乐趣。在这里我要举一个孩子的例子。他来自一个自认为所有家庭成员都讨厌他的家庭，所以，他先入为主地认为在学校中每个人也讨厌他。进了学校后，他的功课很差，父母听到这个消息时，狠狠地"修理"了他。当然，这也是经常能见到的情况，孩子在学校得到一份糟糕的成绩单，先是被老师臭骂了一顿。当他把成绩单带回家时，又受到了父母的惩罚。一次这样的经历就足以让人气馁，如果这样的情况连续发生两次，孩子就会破罐子破摔。于是这个孩子开始在课堂上捣蛋，成绩也一落千丈。最后，幸运的他遇到了一位掌握了全部情况的老师。这位老师向班级里的其他学生解释为什么这个孩子不合群，发动每个孩子去帮助和感化他，让这个孩子相信同学们都是他的朋友。过了一段时间，这孩子的行为模式有了出人意料的好转。

是否真的可以用这种方式教育孩子，让他们理解和帮助别人，有人对此表示怀疑。但依照我的经验，孩子往往比成人更有同情心，更喜欢帮助别人，并且孩子具有大人所缺乏的特殊亲和力。有一次，一位母亲带着两个孩子来找我。一个是两岁的女孩，另一个是三岁的男孩。小女孩趁母亲不注意爬上了桌子，母亲吓得不轻，尖声叫道："下来！快下来！"小女孩连理都懒得理她。而当那个三岁的小男孩说"不准动，赶快下来"的时候，小女孩乖乖地爬了下来。小男孩比母亲更了解自己的妹妹，也更懂得应该怎么对付妹妹。

　　有一种观点认为，加强学生之间团结合作的最好方法是让孩子们自己管理自己。我认为这必须在教师的指导下谨慎进行，而且必须确保他们有能力管理自己。否则，我们会发现孩子们对课堂的严肃性有所忽视，只会把它当作一种游戏。而且，孩子们的自治管理很可能会变味。他们可能比老师管理的时候更严苛，甚至有可能利用班会来争夺权力、攻击他人、排斥异己或争取更高的地位。因此，从一开始，老师就应该给予学生自治必要的关注和建议。

　　如果想了解当下儿童心理、个性发展和社会行为的标准，不可避免地要进行各种各样的测试。事实上，在某些情况下，像智力测验这类测试也可以用来帮助孩子。例如，有一个孩子在学校表现很差，老师打算让他留级一年。但是，在一次智力测验后，测试结果证明他完全可以继续升级，所以，老师取消了留级的决定。必须了解的一点是，孩子未来发展的极限绝对不能用智力测验之流的实验结果来决定。智力测验只能用来帮我们了解孩子面临的困难，以便找到帮他克服困难的方法。以我个人的经验，当智力测验结果表明一个孩子并不是真的弱智时，只要找到正确的方法，就可使他的学习情况发生变化。我发现，那些通过了智力测验的孩子，只要熟悉了考试流程、发现了考试的秘密而且增加了考试经验的孩子，学习成绩通常都会提高。这说明，智商是可以提升的。因此，智商不是由命运或遗传因素决定的，也不应被视为一个孩子未来成就高低的决定性因素。

　　此外，孩子和父母都不应知道孩子的智力测验结果。因为他们并不知道测试的目的是什么，通常会认为这是对孩子前途的最终判决。教育遇到的最大麻烦，不是孩子身上正受到什么样的困扰，而是孩子本身认为自己正在经历什么样的困扰。如果一个孩子知道自己的智商很低，他可能会感到绝望，失去继续进取的决心，从此一蹶不振。在教育过程中，我们应该尽一切努力去增加孩子的勇气和信心，帮助他消除对自己能力的疑虑，改变他对生活消极的诠释态度。

学生的成绩单也应该被如此对待。当老师把一张糟糕的成绩单发给学生时，本意是想刺激学生，让他知耻后勇。然而，如果学生的家庭要求很严格，这个孩子可能不敢把成绩单带回家，甚至可能会篡改成绩单或干脆不带回家。在这种情况下，一旦事情败露，一些孩子甚至会采取极端的行为，如自杀。因此，教师应该考虑这些可能的后果。虽然教师不应为家庭生活对孩子所造成的影响负责，但他们应该将这一点考虑在内。在父母对孩子期望值很高的前提下，当孩子带回一张糟糕的成绩单时，被父母责骂的概率很大。如果老师能给一个相对宽松的分数，孩子们可能会有动力继续努力学习，并最终取得成功。如果一个孩子的成绩一直很差，其他学生都认为他是班里最差的学生，这个孩子可能也会萌生同样的看法，认为自己是毫无希望的差生，进而破罐子破摔。然而，即使是最差的学生也有取得进步的空间。许多例子表明，在学校里成绩很差的孩子，步入社会后恢复了勇气和信心，最终取得巨大的成就。

有趣的是，即使没有看到成绩单，孩子们对彼此的能力也有相当准确的了解。他们知道同学中谁在数学、书法、绘画、体育或其他科目当中最拿手，而且知道自己在这些科目中大致的名次。孩子们最常犯的错误是相信自己永远不会进步，当他们看到别的同学在某方面遥遥领先时，习惯性地认为自己永远也达不到那个水平，然后就不肯在这方面下苦功。如果一个孩子固守这种观点的话，就会把这种态度转移到未来的生活环境中去。即便成年后，他仍会计算自己在某方面与他人的距离，认为自己只能永远待在那个位置上无法进步。

我发现，每次期末考试，大多数孩子都保持差不多相同的排名。上学期第一名的依然排在第一位，上学期的倒数依然排在最后几名。这表明这些孩子已经为自己设定了限制，他们的心理预期成绩决定了最终的名次范围。但事实上，即使是那些在班上排名末位的人也可以改变他们的名次，也可以取得惊人的进步，孩子们应该意识到这种自我约束所造成的后果。老师和学生都应该抛弃"孩子的进步与他们的天赋和能力有关"这种迷信说法。

在学校教育的所有错误中，最严重的是认为遗传基因能够决定孩子的发展前景。它为老师或家长不好好管教学生或孩子提供了一个借口，以此逃避对孩子造成不良影响所应负的责任。我们应该驳斥这种逃避责任的企图。如果从事教育行业的老师把孩子所有的性格和智力发展状况都归因于遗传基因，又怎么能在事业中取得成就呢？另外，如果他能意识到自己的态度和行为会对孩子产生影响，就根本不会抛出遗传基因的观点来逃避责任。

这里我说的遗传基因不包括物理遗传基因。身体器官缺陷的遗传基因对人生造成的影响毋庸置疑。我相信，只有个体心理学才能真正地让人们理解这种遗传缺陷如何影响孩子的精神发展。孩子必须知道自己器官的功能和作用，并根据自己的能力判断是否会对前途产生影响。如果一个孩子身体有缺陷，他需要明白一件事——虽然身有残疾，但没理由认为自己的智力或性格也有缺陷。正如我们以前说过的，身体缺陷可以刺激人付出更大的努力以取得更大的成就，即身残志坚；也可对个人发展形成巨大阻碍,即一蹶不振。起初,当我提出这个论点时,有很多人批评我的态度不够严谨。他们指责我宣扬与事实完全不符的个人臆想。然而,这一结论是根据我的长期实验结果得出的,证据也在不断地积累当中。现在,许多精神病学家和心理学家都得出了同样的结论,认定"性格由遗传因素决定"的观点和主张是不科学的论断。这种论断已经流传了几千年。当人们想要逃避责任,对人类行为采取宿命论的观点时,"龙生龙凤生凤,老鼠的孩子会打洞"这一观点就自然而然地产生了。最简单的证据就是古籍当中的"性本善"或"性本恶"。这些论点显然站不住脚,只有那些有强烈逃避责任愿望的人才会坚持。"善"与"恶",像所有其他的人类角色一样,只有在社会语境中才有其特定的含义。它们是人类在社会环境中相互作用的结果,包含着"保护他人利益"或"损害他人利益"的判断。在孩子出生之前,他没有经历这样的社会环境,所以基本是一张白纸。出生后,他可以向任何方向发展。他选择的道路是由自己从生活环境和身体接收到的感觉、印象,以及对这些感觉、印象的解释所决定的。此外,教育的影响也不容忽视。

其他心理功能的遗传性也是如此,尽管其证据尚不十分清晰。对心理功能影响最大的因素是兴趣,就像前文中所说,并不是遗传基因阻碍了兴趣,而是人们自己的挫败感或对失败的恐惧阻碍了兴趣。当然,大脑的结构是由遗传基因控制的,但大脑只是心灵的工具,而不是它的来源。只要大脑的损害没到不可弥补的地步,就可以通过训练来补偿它。人类每一种非凡能力的背后,我们要看到的不是特殊的遗传因素,而是浓厚的兴趣与长期艰苦卓绝的训练。

即使我们发现某些家族连续几代都培养出极具天赋的人才,也不能认为这完全是遗传因素所起的作用。应该倾向于这样认为:家庭成员中的一个人的成功激励了其他成员努力超越他人，孩子们通过家庭传统的影响力继承了他们祖先的优势。比如说，出身于书香门第的孩子们，他们的读书条件比普通孩子更好，理论上更容易成功。反过来说，当我们发现化学家李比希（Leibig）是一个药店老板的儿子时，就不必怀疑他在化学方面的成就到底是不是遗传基因的作用。只要了解到成长的环境培养了他的兴趣，了解他在其他孩子玩泥巴的年纪就已经懂得许多化学知识就够了。莫扎特的父母对音乐非常感兴趣，但莫扎特的天赋并非遗传自他们。莫扎特的父母希望莫扎特对音乐感兴趣，所以鼓励他朝那个方向努力。莫扎特从小时候起，所处的环境就充满了音乐因素。我们经常在伟人巨匠身上发现这种"早期培育方式"，他们要么在四岁时就开始弹钢琴，要么在很小的时候就开始为家人写故事。这种兴趣是持久的，这种训练是自然和广泛的。所以，他们毫不犹豫地勇往直前，并取得了巨大成就。

　　如果老师认为孩子的发展有固定的局限性，就不能成功地消除孩子为自己制造的进步障碍。如果他告诉孩子"你完全没有数学细胞"，期待以此减轻孩子在数学方面的压力，但这句话除了让孩子彻底放弃数学之外毫无用处。我自己也有过类似的经历。我在学校读书的时候，我的数学成绩很差，十分怀疑自己缺乏数学细胞。幸运的是，后来发生了一件出乎意料的事情——我解决了一个连老师都感到困惑的难题！这次成功改变了我对数学的态度。以往我对这个科目一点儿兴趣都没有，而从这以后我开始喜欢数学，抓住每一次机会来提升数学能力。结果，我成了学校数学系当中最好的学生之一。我认为，这段经历对我的数学生涯很有裨益，因为它使我逐渐明白了"人出生就有所谓的特殊才能或天赋"的说法根本就是无稽之谈。

即使在人数很多的班级里,我们也能观察到孩子之间的差异。了解了他们的性格后,肯定比一无所知时更容易控制他们。然而,班级人数太多总归是一个缺点。老师没有精力照顾到每一个孩子,肯定会有一些孩子的问题被忽视,很难完全培养他们的兴趣。一位老师应该了解所有的学生,否则就不能准确地指导孩子发展兴趣以及学习跟他人合作的能力。如果学生在几年内都跟着同一位老师学习,我想对孩子们会有很大的帮助。在一些学校,教师每六个月或者一年轮换一次,这样的频率会使老师错过与学生交流、发现问题或跟踪他们进步的机会。如果一位老师能花三到四年时间指导同一群学生,他更有可能找到孩子的生活方式中有哪些错误,并设法改正它们,同时更容易把一个班级变成学生们彼此合作的群体。

很多地方流行让优等生跳级的制度。一般来说,孩子跳级弊大于利。通常他将肩负起更多的责任和期望,所以压力很大。如果一个孩子年纪比他的同学大,学习比其他人好,或者比班上其他同学发育得快,我们可以考虑把他调到更高的班级。然而,如果他原来的那个班级非常团结,这个孩子的成功对其他孩子有非常大的帮助。在这种班级里,只要一个学生起了带头作用,整个班级都可以加速进步。如果贸然调走这个孩子,就会剥夺其他学生的进步机会,这种做法是不明智的。我的观点是,不赞成跳级制度。对于有天赋的学生,他们除了可以在课堂上正常学习外,还应参加一些活动来培养其他兴趣,如绘画等。他在这些活动中的成功也可以增加其他孩子在这个领域的兴趣,鼓励他们一起进步。

让孩子留级复读的决定更糟。通常,需要复读的学生不管在家里还是在学校都是一个大麻烦。当然,并不是所有的留级生都这样,少数学生即便留级也不会造成任何问题。然而，大多数因成绩不及格而留级的学生仍然没有任何改变。他们在新班级再次落后，依然麻烦不断。班上的同学对复读生的印象不好，而复读生则对自己的能力也持悲观态度。不敢废除复读制，这是当今学校制度面临的一大问题。一些老师利用假期来训练落后的孩子，让他们认识到自己在生活方式中所犯的错误，这样他们就不必重蹈覆辙。当这些孩子意识到他们的错误并改正时，就可以顺利地跟上第二学期的课程。事实上，这是我们帮助落后学生的唯一方法，只有让他发现自己预估自身能力时所犯的错误，他才会继续努力，而不是一蹶不振。以前，当我研究学生的成绩评分制度时，注意到一个特别的事实。有些地方依照孩子的学习成绩将他们分别编入优秀班和普通班。我这方面的经验主要来自欧洲，不知道美国是否也存在同样的问题。在成绩较差的班级里，我看到心智低下的孩子与出生在贫困家庭的孩子混在一起。在优秀的班级里，大多数孩子的父母都很富有。显然，这种制度是不合理的。贫困家庭不能为他们的孩子接受教育做好充分的准备，他们的父母面临着太多的难题：由于要谋生，他们不能花太多的时间和孩子待在一起，他们自己的教育水平也不足以指导孩子。我认为把准备不足的孩子放在学习成绩差的班级里是不对的行为。训练有素的教师应该知道如何改善这种准备不足的情况，如果允许他们与准备充分和表现良好的孩子互动，他们将获益更多。如果他们被分到成绩较差的班级，他们很快就会默认这个事实，那些优秀班级的孩子也会看不起他们。因此，差生班就成了孩子们丧失勇气和自暴自弃的最佳环境。

原则上说，应该支持男女同校这种模式，这是男孩和女孩能够更好地了解彼此以及学习与异性合作的唯一途径。但那些认为男女同校是唯一的学校模式的人也会犯错误。男女同校有一种特殊的情况，除非它作为一个问题被正视并加以解决,否则男女之间的距离只会越来越大。例如,女孩在十六岁之前比男孩发育得快,在学校生活中,她们会轻而易举地击败男生。如果男孩不明白这一点,就很难保持自尊心。他们看到自己不断地被女孩超越,心里会觉得自己很渺小。在以后的生活中,他们可能害怕与异性竞争,自惭形秽。

一位赞成男女同校并且知晓其中问题的老师,可以用这种模式做很多事情;那些不完全同意这种制度或对这些难题完全不感兴趣的教育工作者,将会栽大跟头。

此外还有一个难题:如果没有对儿童进行适当的性教育,或没有足够的监督,就必然会出现性方面的问题。学校的性教育问题非常复杂,教室肯定不是进行性教育的好地方。如果老师把这一知识在课堂上当堂宣讲,他不会知道每个学生对这一知识的理解是否正确。学生们可能因此对性产生更加浓厚的兴趣,但他们没有完全地理解性,也不知道该如何将它融入自己的生活,就会出现一些性方面的错误。当然,如果孩子想了解更多的生理知识,私下问老师各种问题,老师应该为他们提供诚实和坦率的回答。这样,他就有机会判断孩子真正想知道的是什么,并可以在性方面引导他走向正确的道路。但是,频繁地在课堂上谈论性问题也有害处。有些孩子会误解性无关紧要,或者毫无用处。

任何受过儿童心理学训练的人可以很容易地区分出孩子不同的生活方式。要了解一个孩子的合作程度,需要多观察以下几点:他的日常身体姿势;他观察和倾听的方式;他与其他孩子的距离;他与其他孩子互动的难易程度以及他集中注意力的难易程度。如果他总是忘记做功课或弄丢课本,我们就可以认定他对自己的学业不感兴趣,那就必须找出他对学习失去兴趣的原因。如果他不愿意参加其他孩子的游戏,我们就可以知道他性格孤僻或者太过于以自我为中心。如果他总希望别人为他做事，我们就可以知道他缺乏独立性，而且总渴望得到别人的支持。

有些孩子只有在得到奖励或被欣赏时才会努力学习。许多被宠坏的孩子，只有当老师格外注意他们的时候，才能在功课上出类拔萃。如果失去这种特殊照顾，麻烦就会随之而来。除非他们有观众或者粉丝，否则他们无法取得进步。如果没有人注意他们，他们学习的兴趣也会就此终止。对这些孩子来说，数学是他们面临的最大困难之一。对他们来说，背诵数学公式或定理是举手之劳，但如果要求他们运用公式定理去解决一道数学题，往往会不知所措。这似乎是一个小问题，但事实是，这些终日要求关注和支持的孩子，是生活中的定时炸弹。如果这种态度保持不变，他们成年后也会毫无顾忌地要求别人无条件地支持他们。当遇到问题时，他的第一反应是强迫别人帮助他解决问题。终其一生，他没有为人类的幸福作出贡献，却成为别人永久的负担。

还有一些孩子，总希望成为别人关注的焦点，如果没有得到关注，他们就会恶作剧，甚至扰乱课堂秩序，其他孩子深受其害。一般说来，批评、责备和惩罚都不能改变他——这也正是他们想要的，宁愿挨打也不愿被忽视，受惩罚的痛苦只是一种为追求自己幸福所付出的代价。对许多孩子来说，惩罚是一种对他们的生活方式和能力的挑战。结果，他们总能获胜，因为挑衅的主动权在他们手中。所以，有些人喜欢和他们的老师或父母唱反调，当受到惩罚的时候，他们不但不会哭，反而会流露出一种笑容。

一个懒惰的孩子，除非这种懒惰是对他的父母或老师的逆反和抗议，否则他应该是个雄心勃勃并且害怕失败的孩子。每个人对"成功"这个词的理解都不一样。有时我们会惊讶地发现一个孩子对失败的定义是多么稀奇古怪。有些孩子认为，如果不能超越别人，他们就是一个失败者。即使他们已经很成功，但只要有比他们更好的人，他们就会夜不能寐。一个懒惰的孩子从没有这种挫败感，因为他从来没有面对过真正的考验。他总是试图逃避身边的难题，不会轻易与他人竞争。其他人也会用异样的观点去判断他的能力：如果不是那么懒，他应该能克服所面临的困难，取得不小的成就。他的心灵也在这种想法中找到了避风港："如果我想，就能做得很好。但我为什么要去做呢？"每次失败的时候，他都会用这个借口来欺骗自己，保住他的自尊心。他会对自己说："我只是懒惰，不是做不到。"

有时，老师会对懒惰的学生说："你资质很好，如果努力学习，就会成为班上成绩最好的学生。"但是，如果他不费吹灰之力就能获胜，为什么还要冒着失去大家公认的"资质很好"这种评价的危险努力地学习呢？当他不再懒惰、努力学习时，所取得的成绩很可能达不到全班最好的那一档，人们也就不再认为他"资质很好"了。评判一个学生的标准是他目前已经取得的成绩，而不是他可能取得的成就。

作为一个懒惰孩子的另一个好处是，每当他做出一点成绩时就会受到表扬。看到他似乎有改变趋势的时候，人们就渴望通过刺激或鼓励的手段使他彻底改变。而完成同样的工作，那些平时勤奋的孩子不会得到那么多的鼓励，这就是懒惰的孩子期望的生活方式。他就是一个被宠坏的孩子，从小就期望不管什么事，别人都要为他做好。

另外一种辨识率很高的孩子，就是那些喜欢在同伴中起带头作用的孩子。人类的确需要领袖，但只需要那种能够照顾共同利益的领袖。不幸的是，这样的领导人并不多见。大多数担任领导角色的孩子只对支配他人的权力感兴趣。只有满足这样的条件，他们才会参加同龄人的活动。

这类孩子的未来一定不会一帆风顺，在以后的生活中肯定会遇到困难。当两个这样的"领袖"在婚姻、事业或社会环境中狭路相逢时，不是一场悲剧就是一场笑话。他们都在努力寻找机会来压倒对方，以便建立自己的优势。有时，那些被宠坏的孩子领导周围的人，在长辈看来是一种乐趣，他们会笑着鼓励他继续这样做。然而，老师们很快就能发现，这并不能培养出孩子有利于社会生活的性格。

世界上有很多不同类型的孩子，我们不知道他们将会成长为什么样的人，也无意固定他们的性格类型。我们只是试图阻止他们形成那种明显会导致人生失败或多舛多难的性格。这种性格在一个人的童年时期更容易得到纠正或预防。如果不加以纠正，不仅会对孩子的成年生活造成严重影响，而且还会对社会造成一些危害。童年的性格缺陷与成年的人生遭遇有着密切的联系。比如，从小没有学会团队合作的孩子更容易患上精神病，或者酗酒、犯罪、自杀等。焦虑性神经病患者小的时候通常害怕黑暗、陌生人或新环境。忧郁症患者小时候通常是爱哭的孩子。在现代社会中，我们不能指望通过接触每个家长，耳提面命使他们避免错误，最需要忠告的父母往往是最不愿意接受忠告的父母。或许，我们可以通过让孩子们接触到的所有老师和同学来纠正他们所形成的错误观念，并训练他们过上独立、合作和勇敢的生活。我认为这种教育工作才是人类未来福祉的最大保障。

为实现这一目标，大约15年前我就开始倡导在学校开设个体心理学方面的咨询课程，建立一些心理顾问委员会。这些课程在维也纳和欧洲许多大城市都被证明是有价值的。

有伟大的理想和目标是好的，但若没有找到正确的方式，空谈理想是没有用的。经过15年的辛劳运作之后，我想自己可以打包票说，该模式取得了巨大的成功，它是处理和治愈儿童心理问题的最佳方式。当然，我相信顾问委员会如果以个体心理学为理论基础的话，会更加成功。当然，我也看不出顾问会有什么理由不跟其他心理学流派合作。事实上，我认为顾问委员会成员应该由来自不同学校的心理学家组成，然后比较哪个学校的方法更好。

顾问委员会举办的咨询会，应由一位受过良好培训的，对教师、家长和孩子所面临的困难有丰富经验的心理学家来主持。他会跟学校的教师讨论他们在教育工作中遇到的问题。当他到达学校后，老师应该向他描述孩子的个案以及他所面临的特殊问题。这孩子可能很懒惰；可能喜欢和别人争论；可能有逃学、偷窃的倾向或者在学习上落后于他的同学。心理学家依靠自己的经验与教师进行讨论。请注意，在此期间，孩子的家庭生活、性格和个性发展情况都应该被详细地汇报给这位专家，而且必须特别注意孩子出现问题的前提环境。然后，老师们和心理学家共同讨论究竟是什么原因导致了孩子出现这样的问题，以及如何解决这个问题。由于他们都有着丰富的经验，相信很快就能得出一致的结论。

心理学家来学校的那天，孩子和他的母亲也应该到场。当他们决定好如何和这位母亲谈话，如何影响她改变自己的观点，如何让她理解孩子出现问题的原因之后，母亲才会被请进来与专家交谈。在随后的交谈中，母亲会透露出更多关于孩子的信息，再与心理学家进行讨论。然后心理学家会建议采取什么措施来帮助孩子。母亲们通常很高兴有这样的机会可以与心理专家一起协商和合作。如果她犹豫不决，心理学家或教师可以举出类似适用于儿童心理治疗的例子，从而说服这位母亲。

最后再把孩子叫到房间里，让心理学家告诉他目前面临的问题是什么，而不是简单粗暴地批评他所犯的错误。心理学家带他解决那些阻碍他前进的想法和问题，指出那些他不曾注意但别人非常看重的事实。心理学家不会责备孩子，而是会和他进行友好的交谈，灌输与他的想法不同的观点。如果他想提及孩子的错误，可以先引导孩子进入一个假设的情境，并征求他的意见。这种方法通常会产生正面的效果。外行人看到孩子如此迅速地改变原来的错误态度，一定会感到非常惊讶。

曾在这项工作中接受过我培训的老师们对这种方式交口称赞，他们声称无论如何都不会放弃这种调整孩子心理的方法。这个方法使他们的学校工作更有趣，增加了他们成功的机会，没有人认为这项工作给他们增添了额外的负担。这种方法往往能在不到半小时的时间内，解决困扰他们多年的问题，整个学校和孩子的合作精神也都得到了提高。经过一段时间的实践，学校中的学生再也没有出现严重的心理问题，只出现了一些很容易处理的小错误。这些教师学会了如何理解整体人格及其各种表现的一致性，实际上成了半个心理学家。如果在日常教学中出现问题，他们完全可以自己解决。事实上，这很符合我们的初衷：如果教师都能受到良好的训练，就不需要心理学家常驻学校了！

让我们试想一下，如果班上有一个懒惰的孩子，老师就会为孩子们组织一个关于懒惰的研讨会。他可以把下面的问题作为讨论的主题："懒惰从何而来？""它的目的是什么？""为什么懒惰的孩子不愿意改变？""为什么非改变不可？"经过讨论，孩子们可以得出自己的结论。即使是研讨会的主角——那位懒惰的孩子，也不知道他才是老师发起这次讨论的真正原因。他会很感兴趣地参与讨论，并从中学到很多东西。如果他参加的是一场批斗会，面对的只有攻击和指责，则不会得到任何收获。但若是一场跟自己无关的关于懒惰的研讨会，只要愿意聆听，他就会反思一下，然后改变自己懒惰的毛病。

没有人能像一位和孩子们朝夕相处的老师那样清晰地理解学生们的思想，他能在孩子身上看到很多更深层次的东西。如果他足够聪明，就会和每个孩子都建立起良好的关系。孩子们从家庭生活中带来的坏习惯，在学校中是愈演愈烈还是痛改前非，完全掌握在老师的手中。教师的地位跟母亲差不多，是人类美好未来的守护者，对社会的贡献难以估量。

第八章　青春期的引导

　　如果一个孩子已经学会把自己看作是这个社会的一个平等的组成部分，并知道应该怎样奉献社会，特别是如果他已经学会了将异性作为平等的伙伴，青春期将提供一个让他独立应对成年生活、提出自己创造性方案的机会。

　　关于青春期知识的书五花八门，但几乎所有的书都把这个时期描述为一个人终生性格可能发生改变的危险时期。事实上，尽管青春期危机四伏，但它并不能真正地改变一个人的性格。青春期给那些成长中的孩子带来了新的环境和新的考验。他会觉得自己一只脚已经接近了成年人的生活，此前生活方式中从未被注意的隐患逐渐显现出来。当它初露苗头时，老于世故的人就能察觉到。后来，这些错误慢慢变得明显，令人不敢小觑。

　　对于每个孩子来说，青春期最重要的事情之一就是他们必须相信自己已经不再是一个孩子了。我们也一定要让他们知道这是人生过程中必须经历的阶段。如果能做到这一点，许多青春期的孩子就会消除心中的紧张感。如果他不知道这一点，就会觉得自己必须向大人证明他已经不再是个孩子了，这恐怕过犹不及。青少年逆反行为的根源是为了表达自己已经独立、祈求与成年人拥有平等的地位、表现自己的男子气概或女性魅力的愿望。这些行为表现出孩子们对"成长"的理解。如果"成长"意味着失去自由，孩子就会开始反抗父母或老师强加在他身上的束缚。有些孩子学习抽烟、打架斗殴或彻夜不归。有些好孩子也会开始出人意料地反抗父母。父母们也开始困惑：他们一直听话的孩子怎么突然变得桀骜不驯？一个平时很文静的孩子也可能开始在私底下抱怨父母，只是现在还没有明确地表现出来。当他拥有更多的自由和力量时，马上就会表现出他的敌意。

有这样一个孩子，他小时候经常被他的父亲责骂。他假装温顺和服从，但在暗地里却积蓄力量准备报复。等他觉得自己羽翼丰满时，他借机激怒并且殴打父亲，随后扬长而去。

比起小时候，大多数进入青春期的孩子开始享有更多的自由和独立，父母不再觉得自己有必要时时刻刻管着他们。但如果父母还想继续监控他，孩子肯定会更努力地摆脱他们的控制。父母越是想证明他还是个孩子，他就越会反其道而行之。在这些斗争中形成了一种特定的反抗态度，我们称之为典型的"青年反抗主义"模式。

我们不能给青春期设定严格的年龄界限。青春期通常从14岁左右开始，到20岁左右结束，但有些孩子在11岁或12岁时就已经进入了青春期。在这段时间里，孩子身体各个部位的器官都在迅速发育，有时它们的功能很难相互协调。孩子们个子更高，手更大，但身体器官可能没有那么灵活，需要训练这些器官的协调能力。在这个过程中，如果被别人嘲笑或批评，他们会觉得自己笨手笨脚。如果一个孩子被嘲笑为笨蛋，他会变得更加笨拙。

内分泌腺对孩子的发育也有影响。然而，这并不是孩子身体的全部变化。内分泌腺在出生前就开始起作用，它会促进人体的新陈代谢。这并不是一种从无到有的变化，内分泌腺从出生那刻起就在调节人体运作，但在青春期时，其作用会突然迅猛地增强，使孩子们的第二性征更为明显。此时，男孩会开始长胡子，声音也会变得粗哑；女孩的身材逐渐丰满，变得更加女性化。这些变化通常会让少男少女们感到茫然和困惑。

有时，当处于青春期的孩子没有对未来生活做好准备的时候，面对纷至沓来的事业、社会、爱情、婚姻等方面的问题，他们会感到恐慌。在职业规划方面，他找不到一份对自己有吸引力的工作，所以自暴自弃，认定自己永远不能在职业方面取得任何建树。在家庭方面，他对爱情和婚姻的态度总是畏缩不前，遇到这类考验时，通常会手足无措。如果异性跟他说话，他会面红耳赤，喏喏不语。他一天天地绝望，直到最后厌倦了生活中所有的问题，就会沮丧地认为再也没有人能理解他。他对别人失去兴趣，不和他们交谈，也不听他们说话。他不工作，也不读书，整天幻想进行一些粗俗的性活动。这是一种被称为"早发性痴呆"（Dementia Praecox）的精神疾病。

但这种症状只是患者自身的胡思乱想罢了。如果医生能鼓励他，指明他所犯的错误，引导他走上正确的道路，他很快就能痊愈。但治疗工作并不轻松，这是因为，过去生活中积攒的大量错误都必须得到纠正，过去、现在和未来的意义必须通过科学的目光来衡量，而不能仅通过患者个人的错误世界观来审视。

青春期的所有危险都是因为对生活中的三大问题缺乏适当的训练和准备。如果孩子们害怕步入成年，自然会以最省心、省力的方式应对。然而，这个方法看似简单，实则毫无作用。这种孩子生性悲观和胆怯，不能期望他能靠自己的力量取得进步。父母和老师试图帮助他们，但往往起了反效果。孩子们越是被命令、训诫和批评，就越感到无所适从。我们越往前推动他，他就越往后畏缩。除非能找到适当的方法鼓励他，否则一切试图帮助他的努力都是徒劳的，甚至会伤害到他。

还有些处于青春期的孩子讨厌长大，希望时间能停留在童年时期，永远不要长大。他们会说小孩子独有的语言，和年幼的孩子们一起玩耍，甚至会假装婴儿。然而这只是个例，更多的少年会尽力模仿成年人的行为。他们可能不了解真正的大人是什么样的，但仍然想表现出成年人的做派：像个成年人一样花钱大手大脚，随便和异性调情，甚至发生性行为。在一些更为极端的案例中，青春期的孩子们还没度过青少年时代就开始了犯罪。尤其是当一个少年犯了罪却没有被发现时，他会认为自己足够聪明可以逃过法网，因而变本加厉，最终锒铛入狱。

犯罪是解决生活困境最快捷的方法，尤其是当孩子面临经济窘境的时候。我们发现，近年来14—20岁的青少年犯罪率急剧上升。其实，这并不是近一两年才冒出的问题，我们面临的不是一种新情况，而是一个老问题——这是少年们释放了从小就积攒的压力的结果。

如果一个孩子的性格不太活跃，就有一种更简单的逃避生活问题的方法——神经类疾病。在青春期这段时间，许多儿童身上会出现功能障碍和神经障碍等症状。神经类疾病的每一种症状都可能是孩子们在不损害个人优越感的前提下，拒绝解决生活问题的借口。当个体面对生活问题困扰却不想以符合社会期望的方式解决它们时，就会出现神经类疾病症状，这种病症会导致孩子精神高度紧张。青少年的身体对这种紧张特别敏感，所有器官都会受到刺激，所有的神经系统都会受到影响。身体器官的不适也可以成为一个孩子犹豫不决和害怕失败的借口。这种情况下，孩子如因为身体不舒服而缺席考试或成绩欠佳，别人会因为他有病而不要求他担负失败的责任。长此以往，就可能会发展成为神经类疾病。每一个神经病患者表现出的最明显意愿，就是逃避生活中的不如意。他们准确地了解社会的感受和需要，以此逃避生活中的问题。神经病能够让他们心安理得地逃避责任。他振振有词："我也非常渴望解决自己面临的问题，但身上这该死的病让我无能为力。"

神经病患者有别于罪犯。后者经常毫无顾忌地表达自己的不良意图，他们的社会情感麻木不仁，而神经病患者的动机对他人无害。但不管动机是什么，其行为都令人讨厌，给人一种自私和故意欺瞒的印象。罪犯不会隐藏他们的敌意，但神经病患者可能会咬紧牙关，压抑自己残存的社会情感。

不难看出，许多青春期的失败者都是从小被宠坏了的孩子。在很小的时候，这些孩子已经习惯了"衣来伸手饭来张口"的生活。他们觉得变成有责任感的成年人是一种特殊的负担。他们仍然想要被宠爱，但随着年龄的增长，他们逐渐发现自己不再是父母关注的焦点。在温暖的家庭环境中长大的他们如今发现外面社会的气氛既冰冷又生硬。因此，他们责怪生活欺骗了自己，使他们沦为失败者。

他们因此开了人生的倒车。这些孩子中的大多数在学校生活和毕业后的生活中远远落后，之前天赋被认为不如他们的孩子最终超越了他们，并展现出让人刮目相看的能力。这种反差其实并不难理解。那些从前被高度重视的孩子可能更害怕辜负别人的期望。只要他继续从别人那里得到帮助和赏识，就能鼓起足够的勇气继续向前。但当环境要求其独立战斗时，他就会丧失一切勇气，因畏缩而退却。另一些人会受到这种新环境的鼓舞，他们清楚地找到了实现其野心的道路，每天都充满了新想法和新计划。他们的创造性生活已经"箭在弦上",对人类活动各个方面的兴趣变得生动和强烈。对他们来说,独立并不意味着困难和失败的风险大增,而是一种能够获得更广泛成功和可以为他人服务的机会。

随着青春期与同龄人接触的增多,一些曾经感到被轻视的孩子,现在也开始寻找到被欣赏的感觉,他们中很多人都痴迷于赢得别人的赞赏。如果一个男孩成天只想哗众取宠,这是很危险的情况。如果女孩有这样的想法,后果更加严重。女孩往往不那么自信,会把被别人欣赏视为证明人生价值的唯一途径,这样的女孩很容易成为善于奉承的男人的猎物。我经常看到一些女孩在家里不受重视,很容易在外面和男人胡搞瞎搞。她们这么做,不仅是想证明自己长大了,还想获得被欣赏和关注的地位。

有这样一个例子。一位来自贫穷家庭的 15 岁女孩,她的哥哥从小就体弱多病,母亲不得不格外注意他。因此在女孩出生之后,母亲没有好好照顾她。不仅如此,她的父亲也一直卧病在床。父亲和哥哥的病花费了很多母亲原本应该照顾她的时间。正因为如此,女孩从小就懂得了什么是被照顾的感觉。她很注重这点,总渴望有人照顾她,但在家里却得不到这样的照顾。

当父亲从疾病中康复时,她原本以为母亲可以好好照顾自己了,母亲却又生下了一个妹妹,将自己的身心转移到妹妹身上。结果,女孩觉得她是家里唯一一个没有得到爱的孩子。但她没有气馁,继续努力学习和生活。在家里,她是一个好孩子;在学校,她是一个好学生。由于她在学业上的成功,父母决定把她送到一所优秀的高中去。新学校的老师对她一无所知。起初,她不能适应新学校的教育方法,一开始就落后于其他人,老师批评了她几句,她便感到绝望。她非常急切地期望得到认可，在家里没有人关注她，现在学校也没有人欣赏她。她该怎么办呢？

于是她四处寻找欣赏自己的人。经过几次尝试，她终于离家出走，和一个陌生男人同居了14天。忧心忡忡的家人到处找她。女孩很快发现那男人只是玩弄她，自己仍然得不到赏识，她开始为自己的愚蠢感到后悔。自杀是她的第二个想法，于是，她给家里寄了一封信："不要再为我担心了。我服了毒药，很高兴能够离开这个世界。"事实上，她根本没有服毒，这样说的动机也不难理解。父母对她其实很好，她认为仍然可以赢得他们的同情。她当然没有自杀，而是等着母亲找到她，带她回家。如果这个女孩了解她追求的其实只是别人的欣赏而已，这种愚蠢的行为就不会出现。如果她的高中老师知道这点，就能够采取一些预防措施，防患于未然。其实，这个女孩的学习成绩一直都很优秀，如果老师知道她的心理状态，稍微注意一下，也不至让这个孩子做出如此愚蠢的选择。

在另一个案例中，一位女孩出生在一个父母性格都很懦弱的家庭中。她的母亲一直想要一个男孩，当看到生下的是个女儿时，显然非常失望。母亲一向重男轻女，这个女孩也受了影响。她不止一次听到母亲对父亲说："女孩一点儿也不讨人喜欢，长大后恐怕也没有人喜欢她。"或者"等她长大了，我们要怎么打发她？"

在这种压抑的气氛中生活了十多年之后，有一次她偶然看到了母亲的一位朋友的来信，这位朋友在信中安慰母亲说，母亲还年轻，且只有一个女儿，将来肯定能生儿子的。我们可以想象女孩读完这封信后的感受。几个月后，她去乡下看望她的一个叔叔。在那里，她遇到了一个资质很愚钝的乡下男孩，并成为他的情人。后来，他抛弃了她，但她却对男人念念不忘。当我为她诊断的时候，她已经有过很多男朋友，但是没有一个能让她感到开心。她来找我是因为她患有焦虑症和神经方面的病症，平时不敢一个人出门。当她对一种获得赞赏的方式不满意时，就会千方百计地尝试另一种方法。现在，她正利用身体上的疾病迫使家人担心她，大哭大闹，或者用自杀来威胁她的家人，把家庭闹得鸡飞狗跳。而我们很难让这个女孩摆脱目前的困境，因为她在青春期内所受到的心理创伤太过严重。除非她放弃那些悲观的想法，否则别人做任何事都无法拯救她。

在青春期中，男孩和女孩普遍都会过分强调和研究性关系。他们想证明自己已经长大，却往往会矫枉过正。比如说，如果一个女孩认为自己受到了母亲的压迫而打算反抗时，她很可能会随意地与遇到的男人发生性关系，以此作为一种反抗的手段，她甚至不在乎母亲是否知道这件事。事实上，如果这件事可以让母亲为她担心，她心中一定会窃喜不已。因此，我发现一些女孩与父母发生争吵之后，就会跑到街上和遇到的第一个男人发生关系。其实，在此之前，这些姑娘们的表现非常好，拥有良好的家庭教养，谁也不曾想到她们会那样做。必须指出的是，这些姑娘们并没有犯什么大罪，只是想法有问题。她们觉得自己处于一个卑微的地位，与男人发生关系是她们试图得到更高地位的唯一途径。

有很多被宠坏的女孩发现自己很难适应女人的角色。我们的文化中有一种根深蒂固的信念，认为男人各方面都优于女人，因此这些女孩们不喜欢自己所处的女性地位，表现出我说的那种"对男人的崇拜"。对男性的崇拜可以表现在许多不同的行为上。有时候，我们发现她们讨厌男人，远离男人；有时候，尽管她们喜欢男人，但与男人在一起时，她们却羞得连话都说不出。她们不愿意和男人约会，面对性话题时显得非常不自在。随着年龄的增长，她们会对家人朋友们说自己渴望结婚，但其实根本没有结婚的打算。她们不愿意接近异性，也不想和异性交朋友。有时，我们发现女孩厌恶自己必须扮演女性角色的心理在青春期内尤为强烈。姑娘们的举止比以往任何时候都更加阳刚，她们想要模仿男孩子，模仿他们的恶习，如抽烟、喝酒、骂人、结党和滥交等。

通常，她们会这样解释自己的行为：如果不这样做，男孩就不会对她们感兴趣。如果一个女孩对她的女性角色有着非常强烈的厌恶情绪，往往会导致同性恋、卖淫或其他类型性欲倒错等严重后果。大多数妓女从童年时代就有一个根深蒂固的印象，那就是没有人喜欢她们。她们相信自己生来就扮演着卑微的角色，永远无法赢得任何男人的疼爱和兴趣。在这种环境下，女性非常容易放弃自我，会将自己扮演的性别角色视为一种赚钱工具。女孩对女性角色的厌恶并非是在青春期形成的，我们发现，这样的女孩从小就讨厌自己作为女孩的地位。但是，在童年时期，她们却没有表现出这种厌恶的机会！

并非所有崇拜男性的人都是女孩子。任何高估了男人重要性的孩子都会把男子气概视为一种理想，并怀疑自己是否足够强大到可以实现这个目标。由此可见，当今文化对男子气概的过分强调会让男孩和女孩一样难以适应，尤其是当他们不确定自己所扮演的性别角色时。有些孩子，即使年纪很大的时候，依然在怀疑自己的性别是否会发生变化。有鉴于此，应该从两岁开始，就让孩子清楚地知道自己是男孩还是女孩。有时候，一个外表女性化的小男孩会有一段非常艰难的童年。陌生人经常会误判他的性别，甚至家人的朋友也会告诉他："看你的外表应该是个女孩才对。"这些男孩子可能会把自己的外表视为身体的主要缺陷，把爱情和婚姻视为对自己的严峻考验。在扮演男性角色方面缺乏自信的男孩，在青春期常会有模仿女孩的倾向。他会变得脂粉气，养成一些娇生惯养女孩所特有的坏习惯，如花枝招展，装腔作势，矫揉造作等。

不仅是对自身性别的判断，对异性的态度也要在人生的头四五年内形成。在生命的最初几周内，婴儿已经可以表现出性欲望。但这种欲望只是一种无源之水，没有什么刺激性，是一种正常的表现。如果这种行为不是因为受到刺激出现的，那就是很自然的情况，不必大惊小怪。举个例子，我们经常会发现一岁的婴儿表现出一些性冲动的迹象，请不要害怕。应该利用我们的影响力和婴儿一起交流，让他更加关注身边的环境，而不仅是他自己的肉体。当然，如果这种自渎屡禁不止，那就是另一回事了。情况可能是这样的：这个孩子的行为有一定的目的性，他并非是一个性欲旺盛的婴儿，而是为了达成自己的目的而故意使用这种手段。通常，他的目标是为了获得关注。虽然是婴儿，但他们可以感受到父母的惊讶和恐惧，他们甚至知道如何捉弄父母。如果这种自渎的习惯不能达到吸引父母注意力的目的，他们就会放弃这种行为。

我已经强调过，不应该给孩子们肉体上的刺激。父母通常很爱他们的孩子，孩子也很喜欢他们。父母经常拥抱或亲吻他们的孩子，以增加他们的感情。但父母应该知道这不是正确的方式，他们不应该这么亲密。儿童不应通过肉体接触来接受精神上的刺激。当一些人回顾他们的童年时，经常告诉我，当他们在父母的书房中看到某些色情图片或电影时的感受。孩子们真的不适合看这样的图片或电影。如果能避免刺激他们，孩子们的性冲动就不会发生。

另一种不必要的刺激形式，前面已经讨论过，那就是向孩子灌输不必要和不适当的性知识。很多成年人似乎有传播性信息的狂热心理，生怕其他人在成长过程中对性一无所知。如果回顾自己的过去或别人的成长轨迹，根本找不到他们所说的这种灾难的影子。我们宁愿等到孩子开始感兴趣的时候再告诉他们性方面的知识。如果对孩子给予足够的关注,即使他们不说,父母也会注意到他开始对这些话题感兴趣。如果孩子把自己的父母当作亲密的朋友,他会问他们很多有关性方面的问题。这时候,父母应该以一种孩子能够接受和理解的方式来回答他。

同时,父母最好避免在孩子的面前太过亲密。如果孩子已经长到一定年龄,不应该再跟父母睡在同一个房间或者床上。更加理想的状态是,也不要让孩子跟自己的哥哥姐姐睡在一起。父母应该密切关注孩子的发展,而不要轻视他们的性倾向。

青春期是人生中一个特别复杂时期,这种想法几乎是一种世界范围的迷信。一般来说,人生的每个发展阶段都被赋予了各种各样的私人意义,但某个时间段能够完全改变个人的一生的说法比比皆是。例如,这也是大多数人对更年期的看法。事实上,某一个阶段的经历并不能导致人生出现非常显著的变化,它们只是一个人生命中的一段插曲,并没有特别的重要性。重要的是,个人在这些阶段追求什么,他赋予自己的这个人生阶段什么意义,以及他如何度过这段时期。

人们经常对青春期的到来感到不安,于是会过分妖魔化青春期。如果能多接触青春期的青少年就能知道,在青春期中,除了社会环境会要求孩子们在生活方式上做出一些新的适应外,其他因素不会对孩子们产生任何影响。但是,一些年轻人却认为青春期是舒适人生的结束,是他们的价值和尊严丧失的时期。他们不再有合作和贡献的权利,也没有人再需要他们。青春期的所有问题都是由这些错觉形成的。

如果一个孩子已经学会把自己看作是社会的一个平等的组成部分,并知道应该做什么来奉献给社会,特别是如果他已经学会了将异性作为平等的伙伴,青春期将能提供一个让他独立应对成年生活、提出自己创造性方案的机会。如果他对这些观念的认知比别人落后，如果他对自身所处的环境有着错误的认知，那么他就会在青春期内表现得烦躁不安、手足无措。如果有人强迫他做某些事，他只能差强人意地完成；如果期待他主动去做这些事，他会像胆小的老鼠一样畏缩不前，到头来一事无成。这样的孩子在被监督的情况下也许会做得很好，可他一旦获得自由，就不知该何去何从。

第九章　犯罪及其预防

　　在每一个罪犯的心路历程中，都可以观察到这样一个事实：他们没有受过社会合作训练，也没有能力与他人合作。因此，我们应该做的工作就是给他们指出合作的重要性。如果我们能训练孩子正确与他人合作，培育孩子对他人的兴趣，犯罪的数量就会大大减少。

　　根据个体心理学的理论可知，世界上有很多不同类型的人，而人与人之间的差异并非那么明显。我们发现，罪犯和问题儿童、神经症患者、精神病患者、自杀者、酗酒者和性变态者所表现出的行为症状几乎一样，即他们在处理生活问题时都失败了。特别是在某一些方面，他们会陷入完败。这些人对社会生活完全不感兴趣，对自己的同胞也漠不关心。然而，即便如此，也不该认为他们与常人截然不同，遑论将他们与普通人完全地区分开来。这个世界上，没有人能毫无保留地与他人合作，也没人具有毫不利己的社会意识。罪犯的失败原因，只因其在某些方面有一种变态的偏执。

　　关于罪犯，还有重要的一点需要指出：他们也在追求一种优越感目标。在这一点上，他们和普通人没什么区别。人类都希望克服困难，实现自己的优越感目标。如果实现了这个目标，我们会感到自己强大、优秀甚至是完美。杜威（Dewey）教授把这种倾向叫作"对安全的追求"，这是十分贴切的。还有人把它称为对自我保护（Self-preservation）的追求。无论怎么称呼，都能在人类身上找到这条庞大的活动线——从卑微的地位到卓越的地位，从失败到胜利，从底层到高层的斗争线。这种倾向早在儿童时期就显露锋芒，并会一直持续到生命的尽头。由此，我们在罪犯身上能发现同样的倾向也就不足为奇了。罪犯所有的行为和态度显示，他也在排除万难，争取胜利，努力做一个自己心目中的优胜者。他不同于常人的地方，不是没有付出努力去追求一个目标，而是其追求的目标根本就是错的。当我们发现他选择的这个目标是由于不了解社会生活的需求，是因为不关心其他人的时候，就知道他的行为是多么不明智。

之所以必须特意强调这点，是因为很多人并不这么认为。他们认为罪犯是一个不正常的人群，与普通人完全不同。例如，一些科学家断言所有的罪犯都有智力缺陷，另一些人则特别强调遗传基因的作用。他们相信犯罪行为是由基因决定的，从出生那天起，罪犯就注定要成为一个罪人。此外，还有一些人认为犯罪是由环境造成的，完全无法选择或者改变，一旦犯了罪，就无法停止其罪恶的人生。现在，我们已经有很多证据来反驳上述这些观点，必须认识到，如果接受这些观点，解决犯罪问题的可能性就成为"雾里花、水中月"了！犯罪在人类历史上一直是一场悲剧，现在我们必须站出来采取行动消灭它。我们不能把它归咎于基因什么的而对其熟视无睹，也不能两手一摊无可奈何地说："我们对犯罪行为毫无办法，因为这是由基因决定的！"

不管是环境还是基因，都不曾强迫人类成为罪犯。即使来自同一个家庭、同一个环境的两个孩子，其人生也可能走向截然不同的方向。有些罪犯可能来自家世清白的家庭，但我们在臭名昭著的"罪犯家庭"中也能发现性行淑均的好孩子。更重要的是，一些罪犯可能会有改过自新的一天。许多犯罪心理学家无法解释为什么一些抢劫犯在步入而立之年后，能够放下屠刀，改过自新。如果犯罪是一种先天基因缺陷，或注定产生于某种环境中，那么上面的事实完全无法解释。但是，从我的理论来看，它们丝毫没有什么不可理解的地方。也许他们的处境变得更好；也许他们面临的环境压力不再那么大；也许他们的生活方式改变了，没必要再犯错误；也许他们已经得偿夙愿；最后一种可能性是，他年纪太大，行动不便，不能继续其犯罪生涯，或者他的身体已经不行了，难以维系那种打砸抢的生活。

在进一步讨论之前，我想澄清那种"所有的罪犯都是疯子"的看法。虽然许多精神病患者确实犯过罪，但他们的犯罪类型与普通犯人完全不同，我甚至认为他们不应对所犯的罪行负责。他们犯罪是因为根本控制不了自己，他们的思想背叛了自己的身体。同样地，我们也应把心智发育不全的罪犯排除出去，因为他们只不过是一种被人利用的工具而已。真正的罪犯是那些教唆别人犯罪的幕后黑手。他们为帮凶们描绘了一幅美丽的前景，激起了帮凶们的幻想或野心，然后教唆这些心智不全的受害者帮凶们冒着受到惩罚的危险实施犯罪计划，而他们躲在幕后坐收渔翁之利。当然，一些有经验的罪犯教唆年轻人犯罪的过程也是如此。精于此道的犯罪分子往往在制订计划后，只是诱骗年轻人实施犯罪计划，自己却不露面。

现在回到我前面提出的庞大的活动线上来：这条路线是每一个罪犯在追求胜利和安全感时所遵循的路线。当然，在追求这些目标的过程中，也会出现许多不同和变数。我们发现，罪犯的目的是追求自己所坚持的优越感。这种追求的目标专门利己，毫不利人。我们知道，社会需要各种各样的成员，人们分工合作，共同生存，每个人都需要彼此，且都对他人有益。然而，罪犯最显著的特征是，其人生目标不包括这种对社会的有益性，后文中我们会讲到这个问题。现在我想说的是：如果想了解一个罪犯，需要找出他不合作的程度和根源。犯罪分子的合作能力各不相同，有的非常缺乏这种能力，有的则相对较好。例如，一些人可以限制自己只犯鸡毛蒜皮的小罪，而另一些人却犯下滔天罪行。他们有些是主谋，有些则只是帮凶。要了解罪犯的多样性，必须更仔细地审视这些人的个人生活方式。

一个人典型的生活方式在人生的早期就已经形成了，我们常听说的"三岁看老"就是这个意思。到了四五岁左右，就能看出一个人典型性格的主要轮廓。所以，"江山易改，本性难移"。生活方式能体现出一个人的人格，只有找出某人建立自己生活方式时所犯的错误，才有可能去改变他。这样说来，我们总算理解了为什么许多罪犯受到无数的惩罚、教育和轻视，社会生活中的各种权利相继丧失后，却依然我行我素、一再地犯下同样的罪行。迫使他们犯罪的，并不一定是经济方面的困难。当然，如果经济不景气，人们负担沉重的时候，犯罪行为就会激增。据统计，犯罪的增加率与物价的上涨率成正比，但这不足以证明经济环境是导致犯罪的决定因素，它只能表明人们的行为会受到很多环境因素的制约。罪犯的社会合作能力是有限度的。当达到这种限度时，他们就不能再为社会作出贡献。这时候，他们开始拒绝合作，随后，他们极有可能加入犯罪阵营。从目前得到的数据来看，环境有时候可能会造就犯罪行为。很多人在良好的环境中遵纪守法，但如果生活中出现了太多无法处理的问题，他们就开始铤而走险。我们只有分析出罪犯的生活方式，才能找到真正的罪恶之源。

从研究这些人的经验中，可以得出一个非常简单的结论：罪犯对他人不感兴趣，只有很少的社会合作能力。当合作要求超过了这个限度，他就会开始犯罪。对罪犯来说，当一个问题太难解决时，他的合作决心就会崩溃。我们分析了每个人在生活中都必须面对的问题，以及罪犯们无法解决的问题，最后发现，在人的一生中，除了社会问题之外，没有什么因素更可能导致犯罪了。罪犯面临的心理问题，只有在对社会感兴趣的前提下才能得以解决。

个体心理学告诉我们，生活中的问题可以分为三大类。

第一类是与他人的关系，也就是友谊的问题。罪犯有时也会拥有朋友，但主要局限在犯罪团伙里。他们结成小帮派，互相信任。但这同时也展示出他们如何缩小了自己的社会活动范围。正因为他的朋友都是不三不四的人，所以普通人对他敬而远之。这加剧了他自以为的"边缘人"身份，导致其与社会渐行渐远。

第二类是与职业相关的问题。如果问罪犯关于职业的问题，很多犯人会这样告诉你："你根本不知道工作有多么艰辛！"他们认为工作很辛苦，所以不愿像别人一样辛勤工作。在一般的社会观念下，有用的职业意味着必须对他人感兴趣以及要对他人的幸福作出贡献，但这都是罪犯人格中所缺失的品质。这种缺乏合作性的现象很早就露出苗头，大多数罪犯在少年时代就没有做好应对职业问题的准备，他们中很多人不学无术。如果追溯其人生经历会发现，他们在学生时代甚至上学之前就遇到了麻烦，他们从未学会与别人一起工作。而要解决职业问题，必须学会如何与人合作。如果罪犯在从事职业之前心理已经出现了问题，我们也不能指望他们能交出一份满意的职业答卷。可以把他们看作是那种没有学过地理却要参加地理考试的人,他们肯定会交上一份"驴唇不对马嘴"的答卷,甚至可能交白卷。

第三类包括所有的爱情、婚姻问题。在美好的爱情生活中,对伴侣的兴趣和合作能力一样重要。一个值得注意的现象是,至少有一半犯人在收监前曾患有性病。这一现象表明,他们面临爱情问题时,通常会采用一个简单的方法来解决。他们视异性为一种交易资产,把爱看成一种可以买卖的东西。对这些人来说,性是征服、是占有、是可以肆意掠夺的东西,爱和婚姻则只不过是生活中的伴侣关系。许多罪犯说:"如果我不能随心所欲,那活着还有什么意义?"

现在我们知道应从哪里着手防止人们犯罪了——我们必须教会罪犯与他人合作的艺术,在监狱里敲打他们只是"事后诸葛亮"。只靠监狱里的惩罚手段,犯人获释后很可能再次危害社会。在目前的情况下,把罪犯从社会中完全分离出去是不可能的事情。所以我们不得不问:"既然他们不适合社交生活,该怎么帮助他们?"

罪犯在生活中拒绝与其他人合作是一个很大的问题。我们每天都需要合作。与他人合作的能力体现在看、说、听等方式上。如果我的观察是正确的,那么罪犯生活中的看、说和听的方式都异于常人。他们往往说着与一般人不同的话,可能就是这种差异阻碍了他们的智力发展。当我们说话的时候,总希望听到这话的人能理解自己。理解本身就是一种社会因素,人们给语言一种共同的解释,理解它的方式与其他人一致。但罪犯却不一样。他们拥有个人的逻辑和小聪明,可以从他们对犯罪方式的解释中看出这一点。他们既不愚钝也不蠢笨。如果忽略他们那些错误的优越感目标,就会发现他们的结论大多是正确的。比如说,一个罪犯交代作案动机时说:"我看到一个人有很好的裤子,但我没有,所以我要杀了他！"现在，在承认他的愿望非常重要的前提下，如果不考虑行为方式的合法性，那他的结论将是正确的——当然，这完全背离了社会伦理道德以及法律。

有这样一个案例，那是在匈牙利发生的一起刑事案件。几个女人用毒药谋杀了许多人。当她们中的一个被送进监狱时，她说："我的儿子已经病得奄奄一息了。为了他不再受苦，我必须毒死他。"言外之意是，如果她不愿意和别人一起合作，那她还能做什么？她很有自我意识，但她的目标是错误的，对事物的看法有失偏颇。由此，我们可以理解，为什么一些罪犯看到有吸引力的东西时，会不择手段地得到它们。他们理直气壮地认为应该从一个充满敌意、他们丝毫不感兴趣的世界里把这些东西抢过来。这些人对世界有着错误的看法，对自己和他人的重要性也有一种错误的估计。

罪犯们普遍缺乏合作精神，他们都是懦夫。罪犯们总认为自己的能力不足以处理一些问题，所以选择了逃避。我们可以看出他们对待生活方式的懦弱，也可以从他们的罪行中看出他们的懦弱。他们有的人隐蔽在黑暗中恐吓路人；有的人在手无寸铁的受害人反抗的时候挥舞武器。罪犯认为他们很勇敢，但我们不同意这种观点，否则会被他们吓到。犯罪是懦夫对英雄主义的一种拙劣的模仿，他们在追求一种自以为是的个人优越感目标。他们认为自己是英雄，但这实际上是由他们错误的认知造成的一种缺乏常识的错觉。我们认为他们是懦夫——如果知道这点，他们肯定会大吃一惊。当他们自以为击败了警察的时候，他们的虚荣心和自豪感就会油然上升。他们经常会这样幻想："这些笨蛋警察永远无法抓住我。"如果我们仔细观察每一个罪犯的生活，就能发现他曾犯下了许多尚未被发现的罪行，这是一件非常不幸的事情。东窗事发时，被抓的犯人可能会想:"这次我没有做好万全的计划,但下次作案我一定会改正这些错误!"如果偶尔逃过法网,他们会觉得自己达到了优越感目标,然后自豪地接受臭味相投的罪犯们的祝贺和称赞。

我们必须打破罪犯以勇气和聪明来评价自己的思维方式。但突破口在哪里呢?我们可以在家庭、学校或监狱中找到这种突破口,我将在后文中描述它的要点。

现在,我将多谈论一些造成罪犯与他人合作失败的原因。有时这些责任必须落到父母身上。某些母亲没有能力或技巧让孩子跟她合作,也许她在社会上孤军奋战,或者她在自怨自艾——她甚至不能让自己跟社会上的其他人合作。在那些不幸福或破裂的家庭中,我们很容易发现他们的父母之间完全不合作的现象。婴儿的第一课就是与母亲一起合作,如果母亲不会与他人合作,极有可能不希望孩子的社会兴趣扩展到父亲、其他孩子或成年人身上。此外,这个孩子可能一直觉得自己是这个家庭的主宰者,当他三四岁的时候,另一个孩子出生了,他从王位上被赶了下来,从此怨天尤人。这些都是必须考虑的因素。如果你追溯罪犯的生活,可能会发现他早年的家庭生活就已经出现了问题。重要的不是生存环境本身,而是孩子对自己所处位置的误解。更糟糕的情况是,没有人去纠正这种想法。

一个孩子在家里表现得特别好或特别有天赋,可能会让家里的其他孩子感到尴尬。这个孩子得到的关注最多,其他人却感到气馁和不满。他们拒绝合作,想努力竞争,却没有足够的信心。我们经常在那些被别人的才华所掩盖、没有机会展示自己才能的孩子身上看到消极性格暗暗滋生的现象。在这些孩子中,我们将来会发现很多罪犯、精神病患者或自杀者的身影。

对于一个缺乏合作精神的孩子，人们可以在他上学第一天的行为中就发现其性格缺点。他不能和其他孩子交朋友，也不喜欢老师。他总是很随心所欲，上课不认真听讲，下课与同学们闹别扭。如果老师不理解他，他就可能会受到新的打击。他没有被温柔地教导和鼓励，反而不断地被嘲讽和讥笑。毫无疑问，他会发现上学是一件很无聊的事情。如果他的勇气和信心不断受到攻击，就不再对学校生活感兴趣。你经常会发现一些十几岁仍然还在上四年级的孩子，他们经常因为愚钝备受指责。他们渐渐地对别人失去了兴趣，人生的优越感目标也会慢慢转向一些无用的东西。

贫穷也会误导人们的人生观与世界观。出生在贫困家庭的孩子更可能感受到外界的恶意。他的家庭可能贫困潦倒，天天都在愁云笼罩中与贫困作殊死搏斗。他甚至可能必须在很小的时候就出去挣钱养家。在奋斗过程中，当目睹富人们过着奢侈的生活，随心所欲地买着他们想要的东西时，他会觉得这些人不应该享有比自己更优越的生活，这就是为什么贫富差距悬殊的城市里犯罪率奇高。嫉妒永远不会产生真正对社会有价值的目标。在这样的环境中，孩子们很容易滋生"不劳而获是获得优越感最简单的途径"这种错误认识。

我的另外一个发现是，生理缺陷导致的自卑感也可能是犯罪的诱发因素之一。事实上，我为神经病学和精神病学"基因理论"充当了开路先锋的角色，这是一件令人遗憾的事。但当我在前文中写"身体自卑感和精神补偿"这一部分时，就已经预见到了这种可能性。身体缺陷导致的自卑感不应该归因于肉体，而应该归因于我们的教育方法。如果我们采取正确的方法，那么残疾儿童不仅会对自己感兴趣，也会对他人感兴趣。如果身边没有人引导他们培养对别人的兴趣，他们就只会关心自己，而不关心别人。

当然，很多人的内分泌腺体是有缺陷的，但我不得不澄清，我们还不知道某个特定的内分泌腺体掌管着什么样的个人情感。人体内分泌腺的作用可以在不损害人格的情况下产生相当大的变化。所以，完全可以忽略内分泌腺的作用这一点。如果我们的目标是找到正确的方法让这些孩子成为对社会有益的一员，让他们重拾与他人合作的兴趣，就必须去除掉内分泌腺这个影响因素。

很多罪犯都是孤儿出身。在我看来，如果人类不能使这些孤儿培养出与他人合作的精神，这将是现代文明的奇耻大辱。私生子的遭遇也是如此——现在的社会上很少有人愿意站出来把爱分享给他们，并让其传递给全人类。被遗弃的孩子经常犯罪，尤其当他们得知自己被遗弃的真相时。

在罪犯中，我们经常会发现面容丑陋的人——这一事实经常被用来证明遗传在犯罪心理学中的重要性。但若设身处地地为这些人思考一下，就能体会他们的感受。他们非常不幸，也许他是一个混血儿，也许他的身份没有任何吸引力，也许其私生子的身份备受社会争议。在这种前提下，如果孩子的容貌丑陋，他的一生都会承受巨大的压力。他甚至没有普通人都具有的那段最开心、最难忘的时光——快乐而美好的童年。但如果我们以正确的方式对待这些孩子，他们就会发展自己的社会兴趣，而不必走上犯罪的道路。

另一个有趣的事实是，在罪犯中，我们有时会发现一些英俊的男孩或男人。如果丑陋者被认为是坏基因的受害者，比如天生残疾的孩子，那这些相貌英俊或美丽的罪犯又为什么会走上这条不归路呢？事实上，他们也是在一个艰难的环境中成长起来的。这些人大多数是被宠坏的孩子,他们对别人完全没有兴趣。

罪犯可分为两种。第一种罪犯就是那些面容丑陋的人。他们不知道世间存在所谓的同胞之爱,也从未有过这种体验。这些罪犯通常对别人都怀有敌意,由于他的外表被别人所忽视或者敌视,所以他把每个人都当作敌人。结果,他发现更没有人欣赏他了。

第二种罪犯是被宠坏的孩子。在这种犯人的抱怨中,我常会听到他说:"都怪我母亲把我宠坏了,我其实是一个善良的好孩子。"至于这观点是否正确,人们必须做更详细的讨论。但我在这里提到这个观点只为强调一点:尽管罪犯的教养和所接受的教育程度各不相同,但有一件事是相同的,他们没有学会合作之道。父母的初衷是要把孩子培养成好公民,却不知道使用正确的方法。如果父母整天板着脸,什么事都对孩子吹毛求疵,则永远不能成功地达成目标。如果父母溺爱孩子,把他放在聚光灯下,孩子会觉得自己的存在非常重要,就不愿通过创造性的努力来赢得别人的赞扬。因此,这类孩子会失去奋斗的动力,他们认为自己是天之骄子,总在期待一些奇迹的发生。如果找不到满足这种欲望的方法,他们就会怨天尤人。

现在,让我们来看几个例子,来验证我的结论是否正确。当然,这些案例本不是为这个目的而收集的。

我要讨论的第一个案例,来自谢尔顿(Sheldon)和吉利克(Eleanor T·Glueck)合著的《五百犯罪生涯》一书中节选的"百炼金刚约翰"个案。在回顾自己犯罪生涯的起点时,百炼金刚约翰说:"我从没想过会如此堕落。十五六岁之前,我和其他孩子一样平凡。我喜欢体育运动,经常从图书馆借阅图书,生活井然有序。后来,我的父母逼迫我退学去工作,并拿走我所有的工资,每周只给我50美分的生活费。"

这些都是他对父母的指控。除非了解他和父母的关系，清楚地知道他整个家庭的情况，我们才能知晓他的真实经历到底是什么。目前只能得出这样的结论：他与家人之间的关系并不和睦。

"就这样工作了将近一年时间，我开始和一个女孩约会。她玩起来很疯狂。"

我们经常发现，罪犯会把他们的感情寄托在一个喜欢吃喝玩乐的女人身上。这是一个非常严重的问题，也是对一个人合作程度的考验。现在我们知晓的是，约翰和一个喜欢寻欢作乐的女孩约会，但他一星期只能得到50美分的零花钱。我认为，和那个女孩约会并不能真正解决他的爱情问题。他应该知道，世界上有很多更优秀的女孩。在这种情况下，换作是我，我会说："如果她只喜欢吃喝玩乐，那么她一定不是我想要的那位姑娘！"但是，生活中最应该看重爱人的什么品质呢？这个问题每个人见仁见智。

"现在，我在跟一个喜欢玩乐的女孩约会，仅靠每周50美分不可能过得很愉快。父母肯定不会多给我钱。我很难过，心里一直在想，怎么才能多赚点钱呢？"

常识这样告诉他："你需要更努力工作，挣更多的钱。"但他想不劳而获。约翰希望赚大钱来取悦这个女孩，也让自己开心。至于别的，他一点儿也没有考虑。

"后来我遇到了一个人，我们很快就混熟了。"

遇见陌生人对他来说是另一个考验。拥有一定与他人合作能力的男孩不太可能轻易受到诱惑。但约翰的处境使他格外容易上当。

"他是一位顶尖的小偷，非常聪明。他知道很多事情，愿意与我分享盗窃的成果，而不是那种试图以某种肮脏的方式支配你的偷窃集团的头目。我们一起做了几次案，结局都很美妙。从那之后，我的偷盗技术变得非常熟练。"

后来，我们了解到约翰的父母有自己的房子。他的父亲是一家工厂的领班，一家人只有在周末才能团聚。这个男孩是家里三个孩子中的一个，在他误入歧途之前，家里没人留有犯罪的污点。我很想知道那些认为犯罪来自遗传的专家们对这个问题是怎么看的。他还承认自己在15岁时就开始与异性发生性关系。我相信很多人都会批评他好色，但是这个孩子对别人不感兴趣，他只是贪图享乐。尽管过上声色犬马这种堕落的生活对任何人来说都不是一件难事，但是这孩子只是想要人们这样欣赏他——他是一位征服异性的英雄。

约翰另外的兴趣也证实了这一想法。他精心打扮自己，希望通过自己的外表给女孩子们留下好印象。他经常为女孩子们花钱，希望能赢得她们的芳心。他通常会戴着一顶宽边帽，脖子上围着一块大红色手帕，腰带上挎着一把左轮手枪，自称为"西部亡命之徒"。约翰是一个虚荣的孩子，想成为英雄，却没找到正确的途径。因此，当16岁时因入店行窃第一次被捕时，他不仅承认了对他的所有指控，还大言不惭地说："还有更多的事情你们没有查出来呢！"

"我觉得我活着没有任何价值。换句话说，我对所谓的人性只有最彻底的蔑视。"

这些想法隐藏在他的潜意识中。他一点儿也不理解人性，也不知道把自己的所作所为联系起来到底意味着什么。他觉得生活对自己来说是一种负担，但他不明白自己为什么会如此沮丧。

"我学会了不相信任何人。人们常说贼不偷贼，其实根本没有这样的事。我曾经有一个搭档，我公正地对待他，但是他却在暗地里试图陷害我！"

"如果我有足够的钱，我也会像平常人一样诚实。"他补充道，"我的意思是，有足够的钱就意味着不必工作也可以随心所欲地花钱。我讨厌工作，今后再也不会出去工作了。"

这句话的潜台词是："误入歧途是因为我那压抑的情绪。我强迫自己压抑希望，却不幸成了一名罪犯。"这一点值得我们深思。

"我从没想过要犯罪。每次我开车去某个地方，总有什么东西会刺激我，让我心痒难耐，不得不顺手牵羊带走它。"

他相信这是一种英勇的行为，决不承认这是懦弱的行为。

"第一次被捕时，我身上带着价值4000美元的珠宝。我想，没有比找我女朋友更重要的事情了。于是我卖掉了这些珠宝去找她，可警察顺藤摸瓜地抓住了我。"

约翰这种人会在女朋友身上花很多钱，以求赢得她的欢心。他们认为这是一种人生赢家的表现。

"监狱里有各种各样的学校，我要在这里接受尽可能多的教育——不是为了改过自新，而是为了让自己在社会上成为一个更加厉害的人！"

这种态度显示出他对人类的憎恶之情。不仅如此，他根本不希望人类存在于这个世界上。他说："如果我有个孩子，一定会亲手绞死他！你以为我会把一个罪恶深重的人带到这个世界上来吗？"

我们应该如何影响、改造这种人呢？除了努力提高他的合作能力，让他意识到其对生活的看法是完全错误的之外，别无他法。我们只能找到一种方法来说服他，那就是追溯他童年时期对社会误解的根源，从中设法弥补。现在这种情况下，我对他的童年一无所知，何况在这个案子中我认为比较重要的一些线索也没有说明。如果让我猜测的话，他应该是家中的长子。起初他和其他长子一样独享恩宠，后来母亲又生了一个孩子，他觉得自己失去了所有的权力。如果这个猜测是正确的，我们会发现，即便这样的小事也可能会阻碍孩子合作能力的发展。

根据约翰自己的说法，他被送到一所工业感化学校时受尽了虐待。当他离开时，更加对这个世界充满了强烈的仇恨。对此，我必须说点儿什么。

看守所或者监狱的狱警经常挑衅犯人，这是最糟糕的做法。从心理学的角度来看，罪犯认为监狱的粗暴教育是一种挑战，是一种对其韧性的考验。同样，当囚犯们听到"痛改前非、重新做人"这句话时，他们也会把它视为一种挑战。罪犯们想成为英雄，所以非常愿意接受这样的挑战。他们认为这是一种竞争，觉得既然这个社会在挑战他们，他们就必须顽强地坚持下去。如果一个人认为整个世界都在与他为敌，还有什么比这样的挑战更让他恼火呢？在对问题儿童的教育中，我们最大的错误之一也是挑战他们。"让我们看看谁更强大！让我们看看谁能坚持到最后！"这些孩子就像罪犯一样，沉迷于成为强者的想法。如果他们足够聪明，其实可以摆脱这种想法的控制。

现在我要给你们看的是一个杀人犯的日记，他因这项可怕的罪行而被处以绞刑。这名凶手残忍地杀害了两个人，并在杀人前以日记的方式写下了他的想法。日记给了我们一个研究罪犯的犯罪计划的机会。几乎所有的蓄意犯罪实施者都会在作案前拟定计划。在制订计划的过程中，他们必然会为自己的行为找到合理的解释。在这样的自白书中，我从没有找到对其罪行进行简单而清晰描述的例子，每一个罪犯都想为他的行为辩护。由此我们可以发现社会情感的重要性。就连罪犯也希望能与社会情感保持一致。在他准备用罪行破坏社会感情之前，首先要冲破社会价值观的障碍。俄国作家陀思妥耶夫斯基（Dostoevsky）的著名长篇小说《罪与罚》中，角色拉斯柯尼科夫（Raskolnikov）在床上躺了两个月，思考他是否应该犯罪。最后他鼓起勇气想："我究竟是拿破仑，还是一只虱子？"罪犯经常利用这种想象来欺骗和激励自己。事实上，每个罪犯都知道他的行为并非生活中有益的一面，他也知道生活中有益的那面是什么。然而，由于怯懦，他将对错抛诸脑后。胆怯的原因是他缺乏成为有益人才的能力——生活的所有问题都需要通过与他人合作来解决，但他对合作的方式一无所知。犯罪后，罪犯会努力减轻自己的愧疚感，会找一些借口来掩盖自己的罪行，如生病、失业等。

下面是日记的一些摘录：

"所有认识我的人都背叛了我。我是一个令人讨厌的人，是众人打击糟践的对象（显然，他是个自尊心很强的人）。巨大的不幸即将毁灭我，已没有什么救命稻草可抓，我再也无法忍受了！我可以听天由命，可是肚皮怎么办呢？肚子却不听我的命令啊！"然后，他开始找借口："曾经有人预言我将被绞死在绞架上。那么，饿死和绞死有什么区别呢？"

还有一个案例，一位母亲经常对她的孩子预言："我知道有一天你会绞死我！"十七岁的时候，这个男孩果然绞死了他的母亲。由此看来，预测和挑战有着同样的效果。

"我不在乎后果。反正我也要死了。我一无所有，也无能为力。既然我想要的女孩不会来见我……"

他本想勾引那个女孩。但可悲的是，他没有任何像样的衣服，而且一贫如洗。他把这个姑娘看作一种资产，这就是他解决爱情和婚姻问题的态度。

"我也只能选择这样做，把她变成一个奴隶，否则我就永世不得安宁了!"

　　这样的人喜欢采取激烈和极端的行动。他们就像小孩子，要么希望得到所有的东西，要么什么东西都不想要。

　　"星期四，我终于要背水一战了！猎物已经选定，我静候时机到来。当它到来的时候，一件轰动全城的事情就会发生。"他认为自己是一个大英雄，"那猎物一定很害怕，不是每个人都会有这种遭遇的。"

　　他带了一把刀，杀死了一位可怜的受害者。有句话他说得对，不是每个人都能像他这样丧心病狂！

　　"就像羊群被牧羊人驱赶着前进一样，肚子驱使人们犯下最黑暗的罪行。我可能再也看不到太阳升起，但我不在乎。饥饿的痛苦宛如地狱，我受够了这种折磨。最后的判决将由他们来作出。犯罪当然要付出代价，但这种死法总比饿死好。如果我饿死了，没人会注意我的死亡，但现在有多少人关注着我的生死！也许有些人会为我流下同情的眼泪。我已经下定决心了，必须这么做！没有人像我今晚这样迷惘、害怕。"

　　毕竟，他不是自己想象中那样的英雄。在审判中，他说："虽然我没有刺中他的要害，但的确犯了谋杀罪。我知道自己注定要上绞刑架，但让我心酸的是，其他人都穿这么漂亮的衣服，而我这辈子从来没有穿过这样的衣服。"这时候，他不再说饥饿是杀人动机，反而开始关心他的衣服。"我甚至不知道我做了什么。"他说。罪犯总是用不同的借口来掩饰自己的罪行，这是他们的一贯伎俩。有时，罪犯在犯罪前用喝酒来推卸责任。所有这些行为都证明了一件事，他们都在努力地为自己寻求精神安慰，以打破人们眼中的社会价值观束缚，以此减轻自己的愧疚感。在每一位犯人对其犯罪生涯的描述中，我们都能找到证据来证明这个观点。

现在，我们必须面对的真正问题是应如何应对这种情况。如果我说的没错，每一起刑事案件中都会发现那缺乏社会责任感、没有学会合作、一味追求虚假个人优越感的人的身影。那么我们该怎么办？其实，感化罪犯就像治疗精神病患者一样，赢得他们的信任使其与我们合作，是成功的唯一途径，否则我们对他完全无能为力。如果我们能让罪犯对人类的幸福感兴趣，如果我们能让他们对其他人感兴趣，如果我们能教他们以合作的方式解决生活中的问题，那么感化他们的工作就成功了一大半。如果我们不能打开他们的心门，则完全无法取得任何成果。然而，也不能过分强调这一点，因为这工作不像看上去那么容易。我们不能通过施舍一些小恩小惠来赢得他们的支持，也不能让他们做一些力不能及的事情，更不能粗暴地指出他们的错误并和他们争论。多年来他们如此坚定地固守着自己的人生观和价值观，一直都是这样看待这个世界。若想改变他们，就必须找到他们行为模式的根源。必须弄清他们失败的原因和错误人生观诞生的环境。罪犯的主要人格在其四五岁的时候就已经确立，他们犯罪生涯中所表现出的错误价值观，也是在这一时期形成的。我们必须对其进行了解，因为这是他们一生错误的源头。

后来，罪犯会用自己的人生观来解释自己所经历的一切。如果经验与人生观不太相符，他们就会沉思默想，直到其修正到相互符合为止。假设有人秉持着这样的人生观："整个世界都在侮辱我，对我很不友好。"他就会拼命搜集这类证据，并忽略反方面的证据，以此来增强自己的这种感受。罪犯只关心自己的意见，秉持着自己独特的看和听的方式。因此，除非我们知道他们各种自白背后的含义、各种观点诞生的原因，并能找出他们价值观的最初表达方式，否则我们无法说服他们。

这也是严厉的惩罚对犯人们不起作用的原因之一。罪犯把惩罚看作是社会充满敌意的证据，他们无法与之合作。这类现象可能早在他们上学期间已经初现端倪了。他们会拒绝与老师、同学们合作，然后受到责备和惩罚。这些责备和惩罚会促使他们与别人合作吗？显然不会，什么样的老师和同学们会对一个经常受到责备和惩罚的人感兴趣？他们对现状只会更加失望，觉得每个人都在和自己作对。

在这种情况下，孩子失去信心，不再对学校、老师或同学感兴趣。他开始逃学，四处游荡，寻找藏身之所。在这些地方，他会发现一些和自己有同样经历、走上同一道路的孩子。他们理解他，没有指责他，反而赞美他，重新燃起他的雄心壮志，使他把希望寄托在生活中有害无益的一面。当然，因为他对社会生活不感兴趣，他会把这些人当作朋友，把整个社会当作敌人。这些人喜欢他，他也觉得和他们在一起很舒服，许多孩子就这样加入了犯罪集团。如果我们在以后的生活中以同样的方式对待罪犯们，他们会把这当作我们都是他们敌人的新证据——只有罪犯才是他们的朋友。

这样的孩子本不该被生活的这些考验压垮，我们也不该让他们失去希望。如果学校能够注意培养孩子们的信心和勇气，或许会阻止这种情况的发生。我们将在后面更详细地讨论这种计划，现在仅用这个例子来说明罪犯是如何一贯地将惩罚理解为社会反对他们的一种象征。

严刑峻法没有起到震慑罪犯的作用还有其他原因。有很多罪犯并不把自己的生命看得很重，有些人在进行犯罪行为时，生命已经处于风雨飘摇的边缘，甚至一些人还有自杀的倾向，严厉的惩罚并不能阻止他们以身犯险。罪犯一心只想要击败警察，想证明警察完全奈何不了自己。他们把很多情况看成是对自己的挑战，犯罪是他们对这些挑战的反应之一。如果监狱的狱警十分严厉，把罪犯当作奴隶对待，他们就会抗争到死,战斗到最后一刻。严酷的刑罚只能增加犯人仇视警察的决心。与社会的接触是一场持续不断的战争,这种看法根深蒂固,并且他们试图赢得这场战争。如果我们抱有同样的看法,那就正中他们的下怀。即便是面临死刑这样的威胁,他们也可能认为是种挑战。罪犯们似乎认为他们在赌博,刑罚越严厉、赌注就越高,他们越想炫耀自己有超人一等的能力。有许多罪犯就因为这种原因去为非作歹。一些死刑犯被押上行刑台时,没有为自己的所作所为后悔,而是懊恼为什么没能逃脱法律的制裁:"我真希望当时没有把那个重要证据——手帕掉在地上!"

唯一的补救办法是找出这些罪犯童年时所遭受的心理障碍。个体心理学为这片黑暗的大陆提供了一线光明。孩子五岁左右的时候,他的大脑会变成一个整体,许多人格的脉络碎片会结合在一起,遗传和生活环境也会影响他的发展。但我们不太关心孩子降生到这个世界时,带来了什么或者经历了什么;我们关注的是他如何使用人格、他对人格的看法以及他凭借人格取得了什么成就。理解这点非常重要,因为关于遗传基因对人类性格有何影响,我们几乎一无所知。我们必须考虑孩子所处环境的各种可能性以及他会怎样利用这些经验。

所有的罪犯都有被挽救的可能性,这是因为他们仍然可以在一定程度上与他人合作,只是这种程度已经不适合社会生活的要求。这其实是他母亲的责任。一位母亲必须知道如何教孩子去强化这种兴趣,如何将这种兴趣从自己身上传播到另一个人身上。母亲必须以身作则,让孩子对全人类和他未来的生活产生兴趣。可惜的是,也许母亲并不想让她的孩子对他人感兴趣。可能因为她的婚姻是失败的,这对夫妇要么正在考虑离婚,要么他们相互嫉妒,这是完全可能的。在这种情况下,母亲希望自己能拥有这个孩子的全部,她宠爱他、娇惯他,不愿让他离开自己的控制范围而独立。在这种情况下，孩子合作能力的发展自然会受到限制。

培养孩子对其他孩子和社会的兴趣也很重要。有时，当一个孩子成为母亲的独宠时，其他孩子就不太可能和他交朋友。若他错误地分析这一情况，这就很容易成为他犯罪生涯的起点。一般情况下，如果家里有一位杰出的孩子，家庭里其他的孩子往往会成为问题儿童。例如，一家的次子天纵英才，大儿子会感觉自己的人生黯淡无光，于是开始欺骗自己，沉浸在被忽视的感觉中。更糟糕的是，他会四处寻找证据来证明这一观点。这位大儿子的行为开始变得反常，结果受到了父母严厉的惩罚，这一行为使他更加确信自己已经被丢在冷板凳上。因为受到坏人引诱，他开始了小偷小摸的行为。一旦被发现，就陷入声名狼藉的境地。这样一来，更加没人喜欢他，反对他的证据也会越来越多。

如果父母在他们的孩子面前时常抱怨生活艰辛、世道险恶，也会阻碍孩子对社会产生兴趣。如果父母总是喋喋不休地批评亲戚或邻居，对社会其他成员表现出恶意和偏见，孩子们的心理成长也会受到同样的阻碍。毫无疑问，当孩子们长大后，他们会对身边的人怀有一种扭曲的看法。若他们因这种看法而反对他们的父母，我们丝毫不会感到惊讶。对社会的兴趣一旦受阻，孩子心中剩下的就只有自私自利的态度。孩子会这样想："我为什么要拼死累活地为别人工作？"当这种态度无法解决生活问题时，他就会犹豫不决、徘徊不前，并千方百计地为自己开脱。他认为与生命中的困难作斗争是一件相当棘手的事情，伤害别人的时候，他心中就会毫不在乎——生活就是一场战争，使用任何手段都毫无问题！

从下面的几个例子中，你可以体会一个罪犯心理的发展历程。

在一个家庭里，较小的弟弟是一位问题儿童。据我们所知，他的身体很健康，没有遗传方面的身体缺陷，而哥哥是家里的宠儿。弟弟的争斗意识很强烈，无论在什么比赛中，都必须要打败自己的对手，其实是想追赶哥哥的脚步。他的社会意识还没完全发展好，他非常依赖母亲，想从她那里得到所有的关注。但是，在优秀的哥哥面前想实现这样的目标谈何容易。他的哥哥在学校中成绩优异，几乎总是独占鳌头。这种情况下，弟弟变得刚愎自用，滋生出试图控制别人的欲望。在家里，他总像将军指挥士兵一样命令一位老女仆忙东忙西。那位老女仆很喜欢他，在他二十岁的时候，仍然配合让他以扮演将军为乐。这个弟弟总担心以后自己无论从事什么职业，都会一事无成。每当他陷入经济困境时，就开口跟母亲要钱。虽然不可避免地受到一次又一次批评，但他最终实现了自己的愿望——比哥哥更早地步入婚姻殿堂。但是，突如其来的婚姻使他的经济状况雪上加霜。然而，他关心的只是比他哥哥先结婚，并把这看作是有史以来对哥哥最大的胜利。由此可见，他严重低估了自己的人生价值，只想在这样鸡毛蒜皮的小事上占上风。由于在没有准备的情况下结了婚，婚后他与妻子的关系非常差。当母亲无法像以前那样在经济上支持他时，他订购的一架钢琴不得不转手卖掉。由于没钱付差价，他最后被送上法庭，身陷囹圄。在这个案例中，我们可以发现，童年遭遇是他后来所有不幸行为的根源。他在哥哥的阴影下长大，就像一棵失去了阳光惠泽的小树。他心中的想法是："与爱出风头的哥哥相比，我受了太多的轻视与侮辱。"

另一个例子的主角，是一位很受父母宠爱的野心勃勃的女孩。她对妹妹有很强的嫉妒心，不管是在家里还是学校中，她丝毫不掩饰对妹妹的敌意，总是寻找父母偏爱妹妹的证据，比如妹妹某次得到了更多的零花钱和糖果。有一天，她因为从同学那里偷钱被发现而受到惩罚。幸运的是，她被送到我这里，使我有机会向她解释这一切该如何处理。最终，她克服了不能长期和妹妹保持友好关系的想法。与此同时，我向她的家人解释了情况，他们同意以后多加注意，会尽量避免给她留下妹妹更受欢迎的印象，以此来解除她的警惕心理。这是 20 年前的事了，现在这个女孩结婚了，也有了自己的孩子，她成为一位受人尊敬的女士。从那时起，她从未再犯过重大错误。

我们已经讲了很多对儿童心理发展特别不利的状况，现在再次总结一下。之所以强调，是因为如果个体心理学的发现是正确的，那我们必须了解这些情境对犯人们感知的影响，这样才能真正使得罪犯在拯救活动中采取合作的态度。

有三种类型的儿童比较容易出现心理问题：身体残疾的儿童、被宠坏的儿童和被忽视的儿童。

身体天生就有残疾的孩子有种天赋被剥夺了的感受，除非受过特殊的兴趣训练，否则他们总是自私自利，总在寻找机会支配别人。我曾经看到一个案例，一位残疾男孩因为追求女孩被拒绝而感到被侮辱，于是唆使一个更小、更笨的男孩去刺杀那位女孩。

被宠坏的孩子总想依靠他们的母亲，所以不能把他们的兴趣扩展到社会的其他地方。

被忽视的孩子很容易成为"麻烦制造者"。他们不知道的是，没有一个孩子是完全被遗弃的。如果是这样，无人关心的他们甚至无法度过婴儿期的第一个月。但是，在孤儿、私生子、弃婴、丑陋孩子和残疾孩子中，我们的确发现许多是被忽视的孩子。因此，罪犯主要由两种类型的孩子发展而成：丑陋、被忽视的孩子以及英俊、被宠坏的孩子。

我曾经试图在接触过的罪犯的描述或者报纸和书籍中归纳出罪犯的性格结构，结果发现个体心理学的主要概念可以给我们一些这方面的启示。我现在将从费尔巴哈（Ludwig Andreas Feuerbach）所写的一本古老的德国书籍中选取几个例子来进行进一步的阐述。在这些故事中，我们可以看到对犯罪心理学的最佳描述。

第一个案例是康拉德（Conrad K.）案件。他被控与一个工人密谋杀害他的父亲。他的父亲总是看不起他，经常虐待他，并将这个家庭搅得鸡犬不宁。有一次，男孩忍无可忍动手打了父亲，父亲把男孩告上了法庭。参与庭审的法官很同情这个孩子，对他说："你父亲太坏了，但你却什么也做不了！"请注意，法官的这句话已经播下了灾难的种子。这个家庭的每个成员都想尽一切办法试图改变这位父亲的坏习惯，但都无济于事。然后更令人失望的事情发生了。他父亲带了一个臭名昭著的女人回来同居，并把他的儿子踢出了家门。这个孩子在外面邂逅了一位工人，这位工人很同情他的处境，并建议这个孩子杀了他的父亲一了百了。孩子因为母亲的缘故一直犹豫不决，但家里的情况却在持续地恶化。经过长时间的考虑，他终于下定决心，在那位工人的帮助下，动手杀了他的父亲。在这一点上，我们可以看到，这个可怜的孩子甚至不能把他的社会兴趣扩展到他的父亲身上，尽管他仍然依恋他的母亲，非常尊敬她。在他摧毁自己残存的社会价值观之前，必须找到一种为自己开脱的方法，所以他犹豫不决。当他得到工人的支持时，犹如压垮骆驼的最后一根稻草，他愤而决定实施犯罪计划。

第二个是玛格丽特·扎文齐格（Margaret Zwanziger）案件。她的绰号是"毒女"，自小在孤儿院长大，外表又矮又丑。按照个体心理学的说法，这个女孩渴望得到关注却备受冷落。在几次求爱失败后，她铤而走险，先后三次试图毒死其他女人，希望能接替她们占有她们的丈夫。她觉得是这三个女人把她的三个情人拐走了。除了毒死她们，她想不出别的办法把他们夺回来。她还曾假装怀孕，制造企图自杀的假象，试图引起男人的注意。她在自传中（很多罪犯热衷于写日记）写道："每当我做坏事时，我都会想：'从来没有人为我哀悼。我为什么要为他们的不幸感到难过？'"她也不知道为什么自己会这样想。这可以作为个体心理学中研究潜意识的范例，从这些话里，我们可以看到她如何教唆自己犯罪，又如何为自己寻找各种各样的借口。当我对犯人们提出让他们合作并培养对他人的兴趣时，很有可能听到这样一句回答："我也想去合作，但人们对我不感兴趣！"我的回答是："无论如何总得有人迈出第一步。如果别人不合作，那就不是你的错了。我的意见是，不管别人是否合作，你都应该带头迈出第一步。"

第三个是关于一位名字缩写为 N.L. 的人的案例，他是家中的长子，幼年时期父亲就撒手人寰，他没有受过教育，一条腿还是瘸的。尽管如此，作为大哥，他负责管教弟弟们。这种关系应该算是一种优越的关系，乍一看似乎属于对人生有益的一面。然而，它也可以发展成孩子骄傲和炫耀的一种资本。在那之后，他把母亲赶到房子外，并且咒骂道："滚开！老狗！"

我们为这个男孩感到难过，他甚至不再对他的母亲感兴趣了。如果我们从小就了解他，就能知道他是如何走上犯罪道路的。他失业了很长时间，饥寒交迫，还染上了性病。有一天，在回家的路上，他想要从弟弟身上抢走一笔微薄的薪水，引发了争执，一怒之下他杀害了弟弟，最终锒铛入狱。我们由此看到了他与别人合作的极限——失业、缺钱、性病。每个人的忍耐度都有一个极限，一旦超过了这个极限，他可能就会难以为继，从而走上一条不归路。

　　第四个案例是：一个孤儿被他的养母收养后，养母对他宠爱有加，他最终变成了一个被宠坏的孩子。这个孩子热衷于竞争，总是试图站在高处俯瞰众人，给别人留下深刻印象。他的养母也鼓励他这么做。结果，他变成了一个骗子，开始不择手段地骗取钱财。他的养父母都是贵族的后代，所以他也把自己装扮成一个贵族。在花光养父母所有的钱后，他把他们赶出了原本属于他们的房子。不良的教养和过度的放纵使他认为克服生活困难的唯一方法就是撒谎和欺骗。这使每个人都成为他欺骗的对象。比起丈夫，养母更喜欢这位养子。这种待遇使养子觉得自己有权利得到一切。然而，他却不认为自己要通过正当的方式获得成功，这表明他其实低估了自己的能力。

　　任何孩子都不应因令人沮丧且无助于合作的自卑感而受到伤害，没有人是天生的输家。我们必须让罪犯们知道他做错了什么，为什么他会走上这样的道路。同时，要鼓励他对他人感兴趣并与他人展开合作。如果社会上人人都能认识到犯罪不是勇敢的行为，而只是一种懦夫的行为，那我相信罪犯将无法再为他们的行为寻求诡辩的借口，未来也没有孩子会愿意以身试法。

　　上文提到的所有案例中，无论是否正确地描述了罪犯的内心，我们都可以从中看到童年错误的心理培训模式对其日后生活的影响，这种模式的共同点就是缺乏合作精神。我相信，与他人合作的能力可以通过训练获得，这与遗传基因无关。当然，有些人的合作潜力是与生俱来的，但每个人都拥有这种潜力。如果要激发这种潜力，就必须加以训练和实践。在我看来，其他关于犯罪的理论都是不切实际的，除非我们能培养出既善于合作又是一名罪犯的人。但我从未见过这样的人，也从未听说过这样的人。预防犯罪的最好办法是让孩子们学会适当的合作。如果不承认这一点，我们就无法避免犯罪悲剧的发生。教孩子合作之道，就像教他们地理课一样简单。它是一种真理，真理是可以口口相传的。无论他是成年人还是小孩，如果没有充分的准备就参加地理考试，肯定会在考试中失败。同样，如果一个成年人或一个儿童在没有充分准备的情况下，接受需要合作的环境的考验，等待他们的一定是失败的命运。

解决我们所面临的问题的唯一答案就是团队合作。说到这里，我们对犯罪的科学性调查即将结束，现在我们必须勇敢地面对事实。人类已经在地球上生活了几千年甚至上万年，但仍然不能找到方法来避免犯罪这个问题。虽然人们使用的方法千奇百怪，但似乎都没有效果，犯罪的阴影仍然萦绕在我们周围。经过这些年的研究，我认为，出现这种现象的原因是我们从来没有采取适当的措施来改变罪犯的生活方式，也没有阻止他们继续错误的生活方式。缺少了这一环节，任何预防犯罪的方法都不可能产生真正的效果。

让我们再来回顾一下此前对罪犯的研究过程。我们已经发现，罪犯并没有三头六臂，他们的行为和普通人一样有着一定的逻辑性，是人类行为的合理延伸，这是一个非常重要的结论。如果我们认识到犯罪本身不是孤立的事件，而是生活态度的一种症状；如果我们能够找到这种态度产生的原因，不把它视为一个根本无解的问题，那我们就有足够的信心去改变它。罪犯不合作的思想和行为往往持续了很长一段时间，这种思想和行为的根源一直可以追溯到童年——大约四五岁。在这期间，他对别人的兴趣受到了某些因素的抑制。这些障碍产生的原因可能来自他的母亲、父亲、同龄人、周围社会的偏见、环境困难等因素。我们发现，在各种各样的罪犯或失败者中，存在一个主要的性格共同点——缺乏合作，对他人和人类的幸福缺乏兴趣。如果我们想在罪犯身上做文章，就必须培养他们的合作能力，此外别无他径。我们为罪犯做的所有改变方案能否奏效，都取决于他是否愿意与我们合作。

但是，罪犯和其他失败者又有一点不同。经历了长期的抗拒合作期之后，他失去了像其他人一样在正常生活和工作中取得成功的信心，但他却仍然从事着某些活动。当然，这些活动只适用于生活的消极方面。在这些方面，他显得非常活跃，甚至和同类型的罪犯一起兴奋地开展工作。在这一点上，完全不同于精神病患者、自杀者以及酗酒者等其他失败者。然而，他的努力是有前提的，这种努力仅限于犯罪范围。有些罪犯甚至没有犯下第二种罪行，他们只是一次又一次地重犯同样的罪行。因为这就是他所生活的世界，他把自己禁锢在一个封闭的小世界里。在这些行为模式中，我们可以发现他已经失去了勇气，而勇气是与他人合作的必要因素。

罪犯夜以继日地为他的犯罪工作做准备。这些准备包括必要的手段以及情绪，他们白天做着犯罪计划，晚上则在梦中消除残余的社会价值观。他总是寻找借口来减轻自己的罪恶感，增强犯罪的决心。打破社会价值观的藩篱并不容易，也会遇到相当大的阻力。但是，如果他下定决心要实施犯罪行为，就必须找到一种方法来克服它。要么是回忆他所遭受的不公待遇，要么是培养怨恨的情绪。这些有助于我们理解为什么罪犯总在寻找对周围环境的解释——他的目的就是坚定自己犯罪的态度。这也有助于我们理解为什么和罪犯的争论总是无果而终——他以自己的眼睛看世界，已经为自己的犯罪行为准备了一个世纪的借口。我们很难让他改变，除非弄清这种态度是如何产生的。然而，我们有一种武器是他无法与之竞争的，那就是我们对他人的兴趣，这使得我们能找到真正帮助他的方法。

当一个罪犯开始计划犯罪时，通常他已经处在一个非常艰难的环境中。他没有勇气通过合作来面对眼前的问题，而想找一个相对简单的解决方案，当他急需用钱的时候尤其如此。和普通人一样，他也在追求一种安全感和优越感。他也希望解决困难，克服障碍。然而，他的目标只是一种想象中的个人优越感，不为社会所承认。归根到底，这种优越感是他设法制造出的一种自己是警察、法律或者这个世界的支配者的假象。违反法律、逃避警方、逍遥法外——这些都是他寻找优越感所耍的花招。比如说，当一名罪犯用毒药杀人的时候，会认为这对他来说是一个巨大的胜利，而且他会一直这样欺骗自己、麻醉自己。

从上面的叙述中，我们可以看到罪犯们的那种深深的自卑感。他们回避了劳动的环境，回避了必须与他人合作和交往的生活和工作环境。他觉得自己的能力不足以获得正常的成功，这种不愿意合作的态度反过来增加了他的社交困难。所以，大多数罪犯都是没有技术能力的人。他们心中滋生出一种毫无价值的优越感来掩盖他的自卑感，脑中一直在幻想他是多么勇敢和杰出。但我们能把逃兵称为英雄吗？罪犯其实只生活在自己的梦中，不知道现实到底是什么。同时，他必须设法逃避现实，否则只能放弃他的犯罪计划。因此，一定程度上我能揣测出他的想法："我是世界上最有权力的人，如果不喜欢哪个人，就可以干掉他！"或"我比任何人都聪明，因为我可以轻松地逍遥法外！"

前文说过，精神负担过重的孩子和被宠坏的孩子在人生最初的时期内是如何走上犯罪道路的。残疾儿童需要特殊照顾，以便把他们的兴趣传播给他人。被忽视的孩子、不受欢迎的孩子、不被欣赏的孩子或令人讨厌的孩子也有类似的问题。他们没有和别人一起工作的经验，也不知道和别人一起工作可以让他们变得受欢迎起来，可以在赢得别人喜爱的同时解决自己的问题。没有人告诉被宠坏的孩子需要以自己的努力去争取报酬。他们潜意识中也许认为，只要张口，全世界都应满足他所有的需要。如果别人不能满足他的要求，他就会觉得别人对他不公平，因此拒绝与别人合作。每一个罪犯的背后，我们都可以追溯到这样的历史。他们没有接受过与他人合作的训练，遇到问题时，往往手足无措。我们要做的，就是将合作之道完完全全地传授给他们。

到目前为止，我们已有足够的理论知识和数据经验。我相信，个体心理学教会了我们如何改变每一个罪犯。但是，通过一对一的治疗来改变每一个罪犯的生活方式是一项非常艰巨的任务。不幸的是，在我们的文化中，大多数人遭遇超越承受极限的困难时就会失去合作的能力。结果，在经济衰退期间，犯罪率就会飙升。我认为，如果要用这种方式根除犯罪，必须纠正绝大多数人类的思维模式。要指出的一点是，我们不可能在短时间内把每一个罪犯或潜在的罪犯都变成一个合格的正常人。

但这并不意味着我们只能束手无策，还有更多的事情等待着我们去做。即使我们不能改变每一个罪犯，依然可以做一些力所能及的事情来减轻那些精神力不够强大的人的负担，以帮助他们应对生活中的问题。例如失业，缺乏职业培训等问题。我们可以尝试帮助每个愿意劳动的人找到工作，这是减少社会生活负担的唯一途径。这样，大多数人都不会失去最后的合作能力。毫无疑问，如果能做到这一点，犯罪行为一定会减少。在这个时代，我不确定我们是否能够让每个人都摆脱经济方面的困境，但我们应该朝着这个方向前进。我们还应该为孩子们提供更好的职业培训，让他们能够更好地面对生活，拥有更多的活动空间。在这方面，社会已经取得了相当大的成功，我们应该做的是继续加强这种努力。

虽然我不认为我们可以为每一个罪犯提供一对一的矫正，但我们可以通过集体矫正来帮助他们。例如，我们可以和许多罪犯讨论社会问题，就像心理学家们平日里所做的一样。我们可以提一些问题让他们来回答，借机打开他们心灵的窗户，使他们从梦中醒来；我们应该让他们摆脱对世界的偏见，帮助他们正确评估自己的能力；我们应该引导他们不要限制自己的发展，消除他们对必须要面对的形势和社会问题的恐惧。我敢断言，这样的一次次集体纠正将取得巨大的成果。

在社会生活中，我们也应该消除一切使罪犯或穷人面临挑战的问题。如果社会贫富差距太大，穷人一定会愤愤不平、铤而走险。因此，我们应该杜绝铺张浪费的垄断文化，不应该让少数人掌握巨大的财富，过着花天酒地的生活。在治疗那些心理有问题的落后孩子时我们发现，通过测试他们力量的方式来挑战他们完全没有用。这是由于当他们认为自己在与某些环境作斗争时，他们会坚持自己的观点，拒绝妥协，罪犯也是如此。在这个世界上，我们可以看到，包括警察、法官甚至我们制定的法律都在挑战罪犯，这引起了他们的不满。恐吓手段对于那些顽固的罪犯是没有用的，如果我们能冷静一点，不指名道姓地提起罪犯，不让社会大众都知道他们的所作所为，情况反而会好得多。现在是时候改变这种态度了，不能再认为只有严刑峻法才能够改变一名罪犯，因为只有当他清楚地了解自己的处境时，才有改变的可能。当然，我们也不能心存幻想，不要认为严厉的惩罚会阻止他们犯罪。严厉的法律只会增加罪犯们心中的刺激感，即使罪犯坐上电椅，他们也只会懊悔自己在犯案过程中产生的疏漏。

如果想要再进一步，就该找出所有犯罪的幕后黑手，这肯定会对我们的工作产生很大帮助。据我所知，至少有40%的罪犯逃脱了警方的法网，这一事实无疑会使他们更加肆无忌惮。犯了罪却没被抓获，等于他们的犯罪经验更加丰富了。据我所知，这个问题目前已经取得了长足的进步，正在朝着正确的方向前进。需要指出的一点是，无论是在监狱里还是出狱后，都不要羞辱或挑战罪犯。如果能找到合适的人选，我们宁愿有更多的监管人员来监督缓刑期的犯人，但监管人员必须对社会问题以及合作的重要性有着准确的理解。

通过以上方法，我们可以做好很多事情。然而，我们仍然无法显著地减少犯罪的数量。幸运的是，我们有另一种非常实用和简单的方法来减少罪犯的数量。如果能训练孩子们适当地与他人合作，如果允许、鼓励孩子发展对他人的兴趣，罪犯的数量势必将大大减少，其影响显而易见。这些学会了合作之道的孩子们，不会轻易被别人利用或煽动。无论在生活中遇到什么样的麻烦或困难，都不会失去对他人的兴趣，这些孩子与他人合作圆满，解决生活问题的能力将远远高于我们这一代人。

一般说来，大多数罪犯很早就开始了他们的犯罪生涯——通常是在青少年时期，15～28岁的青少年犯罪的概率最大。因此，我们的努力很快就会取得成果。不仅如此，我认为一个教养良好的孩子会影响他整个家庭的生活。一个独立、乐观、目光远大、发育良好的孩子是父母最大的安慰和助力。通过这种做法，合作精神将很快传遍世界，人类的整体社会氛围将提升到一个更高的层面，影响孩子的同时，也会影响到家长和老师。

接下来，我们需要解决的唯一问题就是如何选择训练孩子的最佳起点，让他们能够独立地生活和工作。我们要把所有的父母都集中起来训练吗？不，这个计划没有给我们带来多少希望。我们很难把希望寄托在父母身上，最需要训练的父母往往是最不愿意和我们见面的父母。我们无法接近他们，所以必须尝试别的方法。我们应该把所有的孩子聚集在一起，严格地督促他们长大，监视他们的一举一动吗？这个计划似乎也好不到哪里去。事实上，我们有一个更加切实可行的办法来解决这个问题——把教师作为推动这项工作进步的动力。

最可行的方法是，训练教师去纠正孩子们在家庭生活中所犯的错误，以此培养他们的社会兴趣，并把这些兴趣延伸到其他人身上，这是学校教育最正确的发展方向。由于家庭不能完全教会孩子们如何应对生活中的所有问题，所以人类把学校教育作为家庭教育的延续。既然如此，我们为什么不利用学校来提高人们的社交能力和合作能力，让孩子们对人类的幸福更感兴趣呢？

总之，我们现代生活中享受的成果是许多人奉献的结果。如果一个人没有合作精神，对别人不感兴趣，不想为社会做贡献，那么他们的生活一定枯燥无味，死后也不曾在这世界留下任何痕迹。只有那些做出贡献的人才能被世人所记住，他们的灵魂将永垂不朽。如果我们以这种价值观来教育孩子，他们自然喜欢与他人合作。在遇到困难时，他们不会表现得畏缩不前，因为他们有足够的信心去面对最困难的问题，并能以一种符合所有人利益的方式去解决它们。

第十章 职业问题

分工合作是维系人类幸福的重要保障。它不仅保证了人类的安全与进步,而且增加了所有社会成员的幸福指数。父母、教师和所有关心人类进步和发展前途的人都应该努力为孩子提供更好的训练,使他们在进入成年生活时,能在劳动分工制度中占有一席之地。

连接人类的三大纽带构成了人类所面临的三大问题。这三个问题不能用割裂分离的方式来解决。任何一个问题的解决都必须倚仗另外两个问题的顺利解决。第一条纽带构成了职业问题。我们生活在地球的表面,只能使用它出产的资源:土地、矿物、热量和大气。为了更好地使用它们,我们必须积极地探索,寻找解开万物之谜的答案。即使在今天,我们也不能拍着胸脯说自己已经找到了完美的答案。在不同时代,人类都会找到各自水平不同的答案,但无论答案是什么,人类追求进步和更高成就的脚步从未停止。

我们解决职业问题的最佳方法与第二个问题密切相关。将人类彼此联系在一起的第二个纽带是,所有的人类都属于同一个种族,必须共同面对那三大问题。如果一个人独自生活在地球上,从未见过其他同类,他的态度和行为将与现在大相径庭。我们必须经常与同类保持联系,与他人合作能力，对他人感兴趣。解决这个问题的最好方法是培养友谊、社会感情和合作，这对解决职业问题有很大的帮助。

由于人类能够彼此相互合作，所以我们的社会采取分工合作的办法进行日常运营，这是人类幸福的重要保证。如果每个人都不愿意合作，也不愿依赖前人的成果，只想依靠自己的努力在地球上谋生，那么他的生命必然不可持续。通过分工，我们可以利用许多不同种类的训练结果，组织很多拥有不同能力的成员相互协作，为了人类的共同幸福而努力奋斗。这样不仅可以保证人类的安全，也会增加社会所有成员的幸福指数。当然，我们不能夸口说人类已经将分工合作运用到了极致，也不能假装劳动分工制度已经达到了顶峰。但是，如果要解决一个人的职业问题，就必须让他在分工合作的结构中占有一席之地，并努力为他人的利益贡献自己的力量。

有些人试图逃避职业这个问题。他们不愿工作，对人类的共同利益漠不关心。我们发现，虽然他们不想面对职业问题，实际上却一直在寻求别人的帮助。他们依靠别人的劳动来维持生计，但对别人却毫无贡献。这是典型的被宠坏的孩子的做派：面对问题时，总是寄希望于请别人帮助解决。这些做法破坏了人与人之间的合作关系，给那些热心解决生活问题的人带来不公平的负担。

将人类联系在一起的第三个纽带是：他、她是世界上仅有的两种性别，没有第三种性别存在。他或她在延长人类寿命方面的地位取决于他或她接触异性的机会和他或她对自己性别角色的实现。因此，两性之间的关系是一个重要的问题，而且这个问题也不能与上述两个问题割裂而单独解决。为了成功地解决爱情和婚姻的问题，一个有助于人类分工合作的职业是必不可少的，同时也必须保持与他人的友好合作联系。根据经验，"一夫一妻制"是当今时代解决这个问题最完美的方式，也是最符合社会要求和分工制度的方式。从某个人对这个问题的解决方式中可以看出他的合作程度。人类生活的三大问题是不可分割的整体。它们相互交织在一起，如果不解决其中的一个，就休想顺利完成另外两个。因此，可以这样说，它们实际上是同一情境、同一问题在不同层面上的反映。这三个问题其实可以用一句话概括，那就是：人类必须学会在自己生存的环境中保护和扩展生命。

在此，我们很乐意重申一点：通过从事母亲的工作而对人类生活作出卓越贡献的女性同男人一样，应在社会分工制度中享有崇高的地位。如果她关心孩子们的生活，努力使他们成为健全的公民；如果她致力于扩大孩子们的兴趣，以合作的方式教育他们，那她对人类的贡献将是不可估量的。在我们的社会文化中，母亲的价值常常被过分低估，被认为是没有魅力、地位低下的工作。作为一名母亲，她辛勤工作却连报酬都得不到。以家庭主妇为职业的女性没有收入来源，往往在经济上依赖他人。但是，当我们判断一个家庭是否优秀时，母亲的工作和父亲的工作同等重要。作为一个母亲，无论她是家庭主妇还是职业女性，她对家庭的重要性都不亚于她的丈夫。母亲是第一个能对孩子职业兴趣产生影响的人。一个孩子在他生命的头四五年所接受的训练和努力，对他成年后的职业选择和活动范围有着决定性的影响。每当有人向我寻求职业问题辅导时，我都会问他人生的最初记忆，即在他能记住的第一段时间内，最感兴趣的回忆是什么。对这一时期的记忆可以显示这个人一直在用什么样的思维来训练自己，他对这些问题的答案揭示了他真实的生活方式和人生观。

职业兴趣培训的第二步会在学校中进行。我们相信，现在的学校越来越重视孩子们未来的职业发展，会训练他们的眼、耳、手等各种器官的技能。这种训练和普通科目的教学一样重要。然而，我们不应该忘记，普通科目的教学对孩子的职业发展有着不可磨灭的重要性。我们经常听到人们说，他们已经忘光了在学校里学的语文或数学知识，但这些知识仍然应该传授给孩子们。结合过去的经验，我们发现学习这些学科可以训练大脑的各种功能。一些新式学校特别注重职业和技术培训，这也可以增加孩子们的经验，从而提高他们的自信心。

　　如果一个孩子从小就决定他要从事什么职业，那么他的发展就会简单得多。如果我们问孩子们将来想做什么，他们中的大多数人都会给出一个答案，这个答案当然没有经过深思熟虑。当他们说未来想成为一名飞机驾驶员或汽车司机的时候，其实他们根本不知道为什么选择这个职业。我们的工作目的就是要帮孩子们找出潜在的动机，然后指出他们努力的方向，推动他们前进，指出他们的未来目标以及拟定他们想要实现目标的具体计划。他们的回答只能告诉我们一点，那就是在他们心目中哪种职业是最有利的，然后我们可以找到其他助力来帮助他们实现未来的职业目标。

　　12—14岁的孩子可能更清楚他们将来想从事什么职业。如果一个孩子到了这个年龄依然不知道他未来想做什么，我们应该为他感到难过。尽管从表面看他缺乏雄心壮志，但这并不意味着他对什么职业都不感兴趣。也许这孩子雄心勃勃，却羞于说出他的抱负是什么。在这种情况下，我们绝不能轻易放弃，一定要找出他感兴趣的职业。有些孩子16岁毕业就走向社会，但他们对未来的职业规划仍不确定。他们通常是很优秀的学生，却不知道未来应该从事什么职业。仔细观察我们会发现，这些孩子大多雄心勃勃，却不愿与他人合作。他们不知道在劳动分工制度中应该选取何种角色，也找不到实现自己雄心壮志的具体途径。所以替孩子们规划未来的职业打算是非常必要的。

在学校里，我经常会问这个问题，来引导我的孩子仔细思考，以免他们将这个问题抛诸脑后。我还问孩子们为什么选择这个职业，他们通常会非常详细地告诉我。我们可以通过一个孩子对某一特定职业的选择来了解他的整个生活方式。他会告诉我们他想做什么以及他认为生命中最宝贵的东西是什么。我们必须让他选择自认为最有价值的职业，而不能武断地判断一个职业是否适合他。只要他脚踏实地地把工作做好，只要他决心为了大众的利益而工作，那他就和从事任何行业的人一样有价值。他唯一的责任是要训练自己，自力更生，在分工合作制度的框架内将自己的兴趣最大化。

还有一些人，无论他们选择什么职业，都永远不会感到满意。因为他们想要的不是一份职业，而是一种确保自己优越地位的方式。他们不想处理任何生活难题，因为他们认为生活根本不应该给他们出什么难题，这些被宠坏的孩子只是一味地希望得到别人的帮助。还有一些孩子，在其人生的前四五年里已经摸索出真正感兴趣的职业方向，但因为经济因素或父母的压力，不得不选择另一个他们不感兴趣的职业方向。如果我们在一个孩子的最初记忆中发现他对视觉感兴趣，就可以推测他可能适合一个需要使用眼睛的职业。在职业生涯指导的理论中，最初记忆的作用绝对不容忽视。有些孩子可能会留下某人同他说话的记忆，或者听见风声、铃声的记忆，由此可知他们是听觉型的孩子，可能非常适合从事跟音乐有关的工作。在一些孩子的回忆中，我们会发现跟运动有关的记忆，这类孩子将来对运动也许更感兴趣，可能会从事跟运动有关的运动工作、户外工作或旅行工作。

人类最常见的动力之一就是超越自己的家人，要么蓄力击败自己的兄弟姐妹，要么致力于比自己的父亲或母亲更有出息。这是一个具有积极意义的努力方向，我们喜欢看到孩子们有这样的竞争意识。更重要的是，如果一个孩子想在职业上超越父亲的建树，父亲的经验也能帮助他走好第一步。父亲在警察部门工作的孩子，通常有成为律师或法官的抱负。如果父亲在乡村的诊所工作，这个孩子可能会希望自己成为一名医生。如果父亲是一名教师，儿子很可能希望将来成为一名大学教授。

我们经常看到孩子们因为一个特定的职业或工作，而在游戏时间内训练自己。假设有一个孩子想成为一名教师，我们就可能看到他带领一群孩子玩学校上课的游戏。儿童喜爱的游戏可以告诉我们他们的兴趣是什么。一些想要成为母亲的女孩经常喜欢抱着洋娃娃，以此来训练自己对婴儿的兴趣。有些人认为，如果允许女孩玩洋娃娃，往往会把她们带出现实，使她们沉溺于游戏世界。但实际上她们是在训练自己认同母亲这个身份，并为未来担当母亲的角色做好准备。她们的确应该早点开始适应这个身份，如果太晚可能会培养出其他的兴趣，而忽视这个重要的角色身份。有些孩子会对机械或技术行业表现出浓厚的兴趣，如果他们能实现自己的愿望，这将为他们未来的事业打下坚实的基础。

有些孩子在玩耍的时候，宁可希望自己找到一个可以追随的领袖，也从来不愿意担当领袖的重任。这个领袖是一位愿意把其他孩子当作下属的孩子或成年人。这并不是一种好的倾向，它体现出孩子的自卑感。如果能减少这种自卑倾向，孩子将来可能会成为一位领袖。如果不能摆脱它，孩子可能不会成为一名优秀的领导者。他们在毕业后可能只会选择做一名小职员，日复一日地重复着已经安排好的日常工作。

突发状况也可能影响孩子的职业选择。无意中遭遇疾病或死亡等问题的儿童，会对一些职业产生强烈的兴趣：他们可能希望将来成为医生、护士或药剂师。我认为这种志向应该得到鼓励，据我观察，有兴趣成为医生的人往往从很小的时候就开始训练自己这方面的才华，他们也非常热爱自己的职业。有时，与死亡擦肩而过的经历，可能会用另一种职业方式得到补偿。有些孩子可能希望通过艺术或文学的创作来获得永生，而有些孩子则可能献身于宗教事业。

游手好闲、好吃懒做等错误的职业观，也出现在人生最初阶段。当我们发现孩子长大后逃避生活中的各种困难时，就必须用科学的方法找出导致这个错误的原因，并用科学的方法去纠正它。如果我们生活在一个不需要劳动就能获得各种生活资料的星球上，那么懒惰或许才会是一种美德。但从我们与地球的关系来看，轻而易举地就可以得出以下结论：职业问题中所必须具有的优秀品质是——勤奋工作、努力合作以及为他人做贡献。以往，人类只是靠直觉来认识职业。现在，我们从科学的角度明确了它的重要性。

幼儿时期就开始训练的成果在天才身上表现得淋漓尽致。我相信天才的示范作用可以让我们更彻底地理解早期职业教育的好处。"天才"是什么呢？"天才"指的并不是天赋很高的孩子，只有那些对人类共同福祉作出突出贡献的人才被称为"天才"。无法想象，一位从未为人类做过任何贡献的"天才"是什么样的。艺术其实是全人类合作的结晶，但伟大的天才以一己之力提升了我们的整体文化水平。

早期诗人荷马（Homer）在他的史诗中只能用三种颜色的名字来描述所有颜色的差异。之后人们注意到更多的颜色差异。这些差异似乎微不足道，也没有必要为它们一一命名。那么，到底是谁教会了我们辨析各种颜色，并将其他颜色一一命名呢？这是画家和艺术家的功劳。

同样，作曲家把我们听力的准确度提高到了一个相当高的水平；音乐家丰富了我们的想象，训练了我们的鉴赏力，促使和谐的演奏代替了原始单调的声音。

谁增加了我们思维的深度，发明了华丽的辞藻，使我们的思想更加深邃？是那些诗人们。他们润色了我们的语言，使之更有深度，更能讴歌生活中的各种真、善、美。

毫无疑问，天才是所有人类中最懂得合作之道的人。他们的某些行为和态度可能使人们有种不合作的错觉。但纵观他们的一生，就能看到他们是如何与这个世界合作的。也许，他们不像其他人那样容易与普通人进行合作，也许他们的职业道路上崎岖不平，充满了艰难险阻，但是我们惊讶地发现，几乎所有优秀的天才身上都有着某种缺陷。可以得出这样的结论：他们在生命的开端便遭遇多舛的命运，但他们努力奋斗，并且克服了各种各样的困难。另外，他们通常早早便在某一领域确立了自己的职业目标，从小就刻苦练习，磨炼自己的意志力，使其能够发现和理解世界上的各种问题。看着这些天才早期所经受的训练，我们可以断言，他们的成就和才能是后天艰苦努力得来的，而非来自遗传基因或上天赐予。他们努力工作，以便子孙后代能够坐享余荫。

"少壮不努力，老大徒伤悲。"假设我们让一个三四岁的小女孩独自玩耍。她开始为洋娃娃缝制一顶帽子。父母若看到她在努力工作，一定要称赞她，告诉她怎样才能缝得更好。当孩子有前进动力之时，会更加努力地提高自己的技能。但若父母大声地斥责说："赶紧放下针，你会刺伤自己的手！你不需要自己做帽子。我们出去买顶漂亮点儿的吧！"她会立刻放弃努力。如果比较这两种女孩在以后生活中的表现，我们就会发现，第一个女孩已经发展了自己对艺术的兴趣，而第二个女孩不知道她可以做什么，会认为买的东西一定比自己做的东西更好。

如果在家庭生活中过分强调金钱的价值，孩子们将只从收入的角度来看待事业，这是一个很大的误区。这样的孩子在其成长过程中没有任何为人类做出贡献的兴趣。当然，每个人都在寻找舒适的生活方式，而那些忽视金钱作用的人也确实会成为别人的负担。但是，只对赚钱感兴趣的人必然会背弃合作之道。如果"赚钱"是他唯一的目标，没有一定的社会价值观，他就会觉得通过抢劫或欺诈来获得金钱的路子未尝不可。即使情况没有那么极端，即便他赚钱的目标中包含了少量的社会利益，即便富可敌国，但他的所作所为对社会、对别人没有任何好处。在这个光怪陆离的时代，致富的途径有很多种，即便是一些坑蒙拐骗的手段，也能让一些人一夜之间暴富，不必对此感到惊讶。虽然我们不能保证那些正直的人能够成为万人敬仰的成功人士，但可以断言，他会一直保持勇气，绝不会丧失自尊。

事业有时可以作为逃避爱情和社会问题的借口。在我们的社会中，很多人经常以忙碌为借口逃避爱情和婚姻。一个对自己的事业充满激情的男人可能会这样想："我事业太忙了，没有时间去照顾婚姻和家庭，所以不应该为婚姻的不幸负责。"精神类或者神经类疾病患者也试图以职业为借口逃避爱情和社会这两大问题。他们要么以错误的方式避开异性，要么以错误的方式接近异性。他们没有朋友，对别人也不感兴趣，只是日夜忙碌在职场中，不仅白天忙忙碌碌，而且在晚上做梦时也不得消停。由于身体长期处于紧张状态，导致胃溃疡等神经类疾病经常性发生。现在，他们可以用胃病作为逃避爱情和社会问题的借口了！另一些人则喜欢随时改变自己的职业，总认为能找到一份更合适的工作，见异思迁，结果一事无成。

对于那些不良少年的职业问题，我们要做的第一件事就是要找到他们的主要兴趣。从这里开始就比整体上含糊不清地鼓励他们的效果更好。如果对象是没有找到合适职业的年轻人，或是一个事业失败的中年人，则应该找到他们真正的兴趣。一方面，我们可以根据这个兴趣为他们提供就业指导；另一方面，我们应该帮助他们发现就业机会。这不是一件容易的事。失业问题在我们这个时代已经愈演愈烈。如果我们生活在一个人人都致力于合作的时代，情况不会是这样的。因此，我认为，每个懂得合作重要性的人都应该努力消除失业这种现象，让每个想工作的人都能得到一份工作。我们可以通过建立职业学校、技术学校和推广成人教育来帮助他们。许多失业者没有可以自食其力的技能，其中一些人可能从未对社会生活表现出任何兴趣。当社会中出现许多不学无术和冷漠自私成员的时候，人类就会背上沉重的负担。这些人总觉得自己不如别人，所以长期混迹于社会的底层，有时还会走上犯罪的道路。这就是为什么罪犯、精神病患者和自杀者大多是受教育程度较低的人的缘故。由于缺乏职业训练，他们总是落后于别人。

父母、教师和所有关心人类进步和发展前途的人都应该努力为他们的孩子提供更好的训练，使他们在成年后能够在劳动分工的合作制度中占有一席之地。

第十一章　个体与社会

如果一个人跟所有人都能交上朋友，自身拥有一段美好的婚姻，同时还有一份有价值的工作，他就不会感到自卑或产生某种挫败感。他会觉得这是一个友好的世界，不管是面对婚姻问题，还是面对生活困难，都能游刃有余地处理好。

人类最古老的活动之一就是与自己的同类缔结友谊。人类的种族在不断地发展壮大，根本原因就是我们对自己的同类感兴趣。在家庭组织中，对其他家庭成员的兴趣必不可少。无论什么年代，人类都在家庭的庇护下团结一致，共同进步。原始社会，部落用图腾符号把人们召集在一起。制作图腾符号的目的就是让人们团结起来共同壮大。图腾崇拜是一种最简单、最原始的宗教。有的部落可能崇拜蜥蜴，另一个部落可能崇拜水牛或蛇。崇拜同一图腾的人们会聚集在一起生活，大家相互合作，亲如兄弟。这些原始习惯是人类为巩固合作关系而采取的最重要的步骤之一。在原始宗教祭祀的日子里，每一个崇拜蜥蜴或水牛的人都会和他的同伴聚集在一起讨论庄稼的收成，以及如何保护同一部落的人们免受天灾人祸、洪水野兽的伤害，这就是祭祀的意义。

婚姻常被看作是一种事关社会利益的大问题。在古代，所有崇拜同一图腾的人都必须遵守一种社会规则，即在自己的群体之外寻找伴侣。婚姻不只是某一两个人的事情，而是全人类都必须在精神上和肉体上共同参与的事务。婚后，夫妻双方必须同时承担起一定的责任，这是全社会的期望。社会希望他们能养育健康的孩子，并培养他们的合作精神。因此，在所有的婚姻中，每个人都应该以合作的态度来参与家庭建设。今天看来，原始社会使用图腾和复杂的制度来控制婚姻可能是荒谬的，但当时他们的真正目的是增进人类之间的合作关系，其重要性不言而喻。

"爱你的邻居"是基督教最重要的教义之一。在这里，我们也看到了宗教为增加人类对彼此的兴趣为目的所做出的努力。从科学的角度来看，今天仍然能够证实这种努力是有价值的。一些从小被宠坏的孩子可能会问："我为什么要爱我的邻居呢？他们为什么不能先来爱我呢？"这句话显示出他缺乏合作精神以及自私自利的本质。那些在生活中遇到困难时第一时间想到的是以牺牲他人为代价来为自己谋利的人，肯定是对自己的同胞毫无兴趣的人。人类历史上所有的失败者，都是由这样的人所组成。不同的宗教以各自的方式宣扬合作之道。在我看来，只要一个人的最高人生目标是与他人合作，那么他采取的任何行动都是合情合理的，没有必要争论、批评或贬低他。通往合作的最终目标有许多不同的道路，我们也不知道什么才是最合适的那一条。

我们知道，世界上有许多不同的政治制度，它们共同作用在世人身上，但如果没有合作精神，无论谁执政，都不会取得任何成就。每一个政治家都必须把促进人类进步作为他的最终目标，而人类的进步则意味着更高程度的合作。通常情况下，人们很难判断哪个政客或政党会真正领导大众走上进步之路，因为每个人都会根据自己的生活方式进行判断。但如果一个政党的成员彼此间关系融洽，我们就有理由认为他可能会更好地引导人民前进。同样，在国家的施政纲领方面，如果政府的目标是把孩子们都培养成深谙合作的大好公民，并提高他们的社会意识，引导他们尊重自己民族的传统，尊重他们自己的国家制度的话，如果当权者还能根据实现这个目标的最好方式来修改或制定法律，我们会为他们这种努力点赞。

学校的班级活动也是一种集体合作运动，其目标亦是为了促进人类进步，所以班级活动中也要避免不必要的偏见。因此，判断社会活动价值时只看一个方面就够了：它们是否增加了我们对同类的兴趣。有利于加强人们合作的方法有很多，这些方法可能会有高下之分，但只要可以增强人们的合作精神，即便不是最好的方法，也不必过于苛责。

"一分耕耘一分收获"。我们批评的是那种游手好闲、不劳而获的人生观、价值观。这是一种自私自利的想法，是一种对个人和团体利益容易产生损害的想法。只有当我们对自己的同类感兴趣时，才能实现人类的全部潜能。听、说、读、写都是与人交流的先决条件。语言本身是人类的共同作品，是社会关系的产物。相互理解是全人类的事情，而不是某项私人功能。彼此理解首先要知道别人的想法，然后根据社会常识与他人联系，并受到社会价值观常识的制约。

有些人总是在追求个人利益和优越感。他们赋予生活私人的意义，相信只应为他们自己而活，但没人同意这种观点。这样的人往往无法与自己的同类相处。当我们观察那些只对自己感兴趣的人时，会发现他们的脸上有一种卑鄙或麻木的表情——罪犯或疯子的脸上也会浮现出同样的表情。他们不用自己的眼睛与他人交流，每个人都有自己独有的惊世骇俗的观点。有时，这种孩子或成人甚至带着轻蔑的态度看待自己的同伴，目光从同伴身上移开，顾左右而言他。这种不与他人沟通的病征可以在许多神经类病症中看到。强迫性脸红、结巴、阳痿和早泄就是其中最为明显的例子，所有这些症状都是由于对他人缺乏兴趣造成的。

最高程度的孤僻可以用"丧心病狂"来形容。但即使是精神病患者，只要还能引起对别人的兴趣，也不是没有痊愈的希望。精神病患者与其他人之间的距离十分遥远，也许只有自杀者具有可比性。所以治疗精神病患者是一门艺术，是一门相当复杂的艺术。我们必须努力赢得病人的合作之心，只有最有耐心、最仁慈和最善良的人才有可能做到。有人曾经求我尽最大的努力去治疗一个患有早发性痴呆症的女孩。她患这种病已经八年了，最后两年是在收容所度过的。她整天大哭大叫，朝别人身上吐口水，撕破自己的衣服，还试图把整条手帕吞下去。可以看出，她多么不希望作为一个人而生活，她甚至想扮演狗的角色。

我可以理解她的动机，她觉得她的母亲像对待狗一样对待她。她的行为的潜台词可能是在说："看你们这些人的时间越久，我就越发希望自己是一条狗！"我和她交谈了8天，她一个字都没有回应我。我继续和她谈话，到了第30天时，她才开始用含糊不清的语言回答我，我释放的善意终于感动了她。

但是，即使这类病人受到一些鼓励，也仍然不知自己该何去何从，因为他对身边的人非常抗拒。当他的勇气恢复到一定程度时，如果依然不想跟别人合作，我们就能预测出他接下来的行为：

他就像一个问题儿童一样恶作剧，摔坏所有他能接触到的东西，攻击他的监护人等。当我第二次为那个女孩诊疗时，她动手打了我。我必须考虑如何处理这种情况，唯一能让她感到惊讶的办法就是不理睬她。那个女孩不是一个强壮的人，我任凭她打我，脸上却始终保持着友好的表情。她很惊讶，对我的敌意随即烟消云散。但她仍然不知道应该如何利用已经恢复的勇气。由于打碎了我的窗户,她的手被玻璃划伤了。但是我没有责怪她,反而帮她包扎手腕。

我认为,通常精神病院那些应对患者暴力行为的方式,比如把她关进小黑屋或锁在房子里的方法都是错误的。如果我们想赢得这个女孩的合作之心,就得另辟蹊径。期望一个精神病患者能像正常人一样行事是绝对错误的想法。几乎每个人都对精神病患者异于常人的反应——不吃、不喝、撕扯衣服、动手打人等行为感到恼火。"我们没有别的办法帮助他们,他们想干什么就干什么吧!"没有耐心的人往往会这么想。

后来,这女孩恢复了健康。通常情况下,很多精神病患者的病情容易出现反复,但是一年过去了,这位女孩的情况却仍然很稳定。有一天,我在去收容所的路上跟她偶遇。"你要去哪儿?"她问我。"跟我一起去吧,"我说,"我要去你住了两年的收容所。"于是我们一起去了收容所。我去探望了之前负责治疗她的那位医生。在我治疗另一个病人的时候,那位医生和她聊了聊。当我回来的时候,医生气呼呼地对我说:"她的情况非常好。但是有一件事让我很恼火——她见到我一点儿都不高兴!"在那之后的十年里,我偶尔还会遇到这个女孩。她的身体状态很好,有了自己的工作,能够自食其力,和朋友们相处得也很好,第一次见她的人都不相信她曾经有精神方面的疾病。

偏执狂和抑郁症的症状明显与常人有异。患上偏执狂症的病人往往会责怪每一个人,他会认为周围的每个人都是试图陷害他的凶手或同谋。抑郁症患者可能会自怨自艾。他的想法可能会包括:"我毁了我的家庭。"或者"我丢了钱,这下我的孩子们必须挨饿了。"但是,当一位抑郁症患者口口声声地责怪自己的时候,其潜台词其实是在责怪别人。例如,一个颇为受人尊敬的女士在一次事故中受到重创,不能再参加社会活动了。她的三个女儿都已结婚成家，所以她感到很孤独。大约在同一时间，她失去了与她相濡以沫的丈夫。因为她习惯了被人尊敬，想找回失去的东西，所以她开始环游欧洲。在欧洲的那段时间，她觉得自己不再像过去那样受人尊敬了，开始饱受抑郁症的折磨。抑郁症是对这位女士的一大考验。她很孤独，于是发电报叫女儿们来看她，但她们找了种种借口，没有一个人回来看她。当她旅行完毕回到家时，最喜欢说的一句话是："我的女儿们对我很好。"事实上情况是这样的，她的女儿们让她一个人待着，雇了一个护士来照顾她，只是偶尔去看看她。我们自然不能对她的话信以为真。她的话其实是一种控诉，认识她的人都能听出这点。抑郁症是长期积累的对他人的愤怒和指责的结果。为了得到别人的关心、同情和支持，病人必须为自己的错误表现出沮丧、失望和痛苦万分的样子。抑郁症患者的第一记忆通常是这种类型的："我记得自己躺在长椅上，但其实我哥哥已经抢先一步躺在那里了。后来我大声痛哭，他不得不把位子让给我。"

抑郁症患者也倾向于把自杀作为一种报复手段。医生应该注意的第一条就是不要给他们自杀的借口。对于如何治疗抑郁症患者，我自己采用的治疗方法是让他们遵循治疗中最重要的一条规则："不要做你不喜欢的事情。"这似乎是一件小事，但我相信它是整个问题的中心点。如果一个抑郁症患者可以为所欲为，他还能指责谁呢？他还能有什么借口去报复别人呢？我对患者们说："如果你想去看戏或者度假，那就去吧！如果你在出发的途中忽然不想去了，那就不要去好了！"这是任何人都幻想得到的最佳情境，能让他的优越感得到最大限度的满足。他就像上帝一样可以为所欲为。另外，他的生活方式得到了改变。以往他总是试图命令别人、指责别人，但如果别人都顺从于他，他就没有必要再去命令、指责别人。这条规定让我的病患们压力骤减，从没出现过自杀的案例。当然，如果可能的话，有专人负责照顾患者会更保险，但我的许多病人并没有得到如此级别的护理。事实上，只要有人在旁边照料，病人基本上不会出现意外。

有时病人会这样回复道："但我什么也不想做！"这种答案我已经听过很多次，早已成竹在胸："那就先不要做你不想做的事吧。"我会这样告诉他。有时他会说："我喜欢整天躺在床上。"我知道这不是他的真心话。如果我允许他这么做，他根本不想待在床上。但如果我阻止他，他反而会赖在床上不起来。因此，我永远同意患者所做的任何决定。这就是我对待抑郁症患者的准则之一。

还有一种方法可以对他们的生活方式产生更直接的攻击。我经常这样告诉他们："如果你照我说的去做，两周后你就会痊愈的。记住我的话，你每天都必须努力取悦别人！"这要求对他们有更重要的意义。此前他们心中只有一种想法："我做些什么才能让那个人不高兴？"

通常，他们对我治疗方案的回答很有趣。有些人会信誓旦旦地说："这对我来说，简直就是小菜一碟。我一直在试图取悦别人！"实际上，他们从未这么做过。我要求他们想清楚我到底说了什么，但他们根本就把我的话当成耳边风。我告诉他们："当你睡不着的时候，用这段时间想想你能做些什么让别人开心起来。这样，你的病情将大大改善。"第二天，当我再次见到他们时，我会问："你们照我说的做了吗？"他们回答一般是："昨天我一上床就睡着了。"当然，这些谈话都是以真诚友好的方式进行的，我丝毫没有表现出自己的优越性。另外一些人会这样回答："我做不到。这太无聊了"。我这样告诉他们："无聊就无聊吧，别担心，没事的。你只需要偶尔为别人想想就可以了！"我希望能把他们的兴趣转向其他人。许多患者都有这样的心理："我为什么要取悦别人？

他们都不来取悦我！"

"你必须为你自己的健康着想，"我回答说，"一个不为别人着想的人将来是会受苦的。"根据我的经验，没有一个病人会立即做出这样的反应："我已经考虑过你说的话了。"我的努力旨在提高病人对社会的兴趣，因为我知道他们生病的真正原因是缺乏合作精神，我想让他们明白这一点。只要他能站在平等合作的立场上与同胞们交流，很快就会康复。

另一个明显缺乏社会价值观的例子是所谓的"过失犯罪"。例如，一个人把燃烧的火柴扔进森林，结果引起了森林大火。再比如说，在最近的一个案例中，一名工人结束一天的工作回了家，却忘记拿起横放在马路对面的电缆，一辆摩托车撞上了电缆，导致驾驶员当场死亡。在这两种情况下，肇事者都没有故意伤害别人的意图。在道义上，他们似乎也不应该对这两起事件的受害者负责。然而，他们没有受过为他人着想的训练，没想到应采取一定的预防措施来保障他人的安全，这就是缺乏合作精神的表现。生活中还有很多更常见的现象，比如一个顽皮的孩子踩了别人的脚，打碎了杯子或碗，破坏了某个公共物品，以及有些人用各种各样的行为来伤害别人。

对同龄人的兴趣需要在学校和家庭中进行培养。我们已经讨论过可能对孩子的心理发展造成伤害的情况。社会情感可能并非遗传自基因的本能，但社会情感的潜力却是由遗传基因控制的。影响这种潜能的因素包括母亲的技能、她对孩子的兴趣以及孩子对环境的判断力。如果一个人觉得别人都对他怀有敌意，周围到处都潜伏着敌人，必须采取种种手段保护自己。那我们就不能期望他能够成为别人的好朋友，事实上他也不会成为别人的好朋友。如果一个人觉得别人都应该是他的奴隶，那么，他就不会为别人做贡献，只想支配别人。如果一个人只关心自己的感受、只关心自己的个人利益，他就会把自己孤立于社会之外。

我们已经讨论过为什么必须要让孩子感到他们是家庭中平等的一员，并且要让他关心其他家庭成员。我们还讲过，父亲和母亲彼此之间应该成为好朋友，并与外界保持良好和密切的友谊。只有这样，他们的孩子才会觉得可以信任家庭以外的人。我们还提到，在学校，孩子们应该觉得他们是班级的一部分，应该和其他学生交朋友，建立一种可以信任的友谊。家庭生活、学校生活是在为实现更广泛的社会生活而做的准备。最终的目标应该是把孩子教育成良好的公民以及平等的人类成员。只有这样，他才能鼓起勇气，有条不紊地处理问题，并找到增进他人幸福的道路。

如果一个人跟每个人都能交上朋友，自身拥有一段美好的婚姻，同时还有一份有价值的工作，他就不会感到自卑或产生某种挫败感。他会觉得这是一个友好的世界，不管是面对婚姻问题，还是面对困难，都能游刃有余地处理好。"世界就是我的世界，"他会这样想，"我必须要积极进取，不能坐以待毙。"他非常清楚，现在只是人类历史进程中的一个阶段，自己只是整个人类过去、现在和未来中的一分子。同时，他会认为这个时代能够让他完成属于自己的创造性工作，能够为人类的发展做出自己的贡献。

诚然，这个世界上还有很多的罪恶、困难、偏见和悲伤，但这是我们自己的世界，它的优点和缺点也就是我们自己的优点和缺点，我们必须改正缺点，发扬优点，让世界变得更美好。可以断言，如果一个人能以正确的方式工作，他已经在改善世界的事业中完美地履行了自己的职责。

对自己的生活负责，就是指要通过以合作的方式来解决生活中的三个问题。一个人生活在世上最高的目标有三个：他必须是一个好的工作者，他必须能成为所有人的朋友，他必须能成为爱情和婚姻中真正的伴侣。一句话，他必须证明自己是社会上其他人的好伙伴。

第十二章　爱情与婚姻

　　爱情和作为爱情结果延伸出来的婚姻，两者都是对异性伴侣最亲密的奉献关系，它表现在心灵上的心心相印、身体上的互相吸引以及生儿育女的共同愿望之中。爱情与婚姻都是两个人合作的结果，这种合作不仅是为了两个人的幸福，更是为了全人类的利益。

　　在德国一个地方有一种古老的风俗保留至今。据说这种风俗可以考验一对未婚夫妻是否适合一起过婚姻生活。在结婚典礼之前，新娘和新郎被带到一个广场上，那里事先会设置好一棵被砍倒的大树。新娘和新郎需要一起合作，使用一把两端都有把手的锯子，把这棵大树的躯干锯割成两段。利用这个试验，可以看出两个人能和对方合作到一种什么程度。假设两人无法协调合作，彼此掣肘，最终将无法完成任务。如果夫妇之中的某个人想要居功，事事都自己亲力亲为，另外一个又心甘情愿地让出功劳，那么两人的工作就会事半功半。如果夫妻两人协调合作的同时能够积极进取，这种积极进取又彼此紧密地结合在一起，这样才能事半功倍。由此可见，德国人早已知道合作是婚姻的一个首要前提。

　　假如有人问我："爱情和婚姻到底是什么？"我会给出如下定义："爱情和作为爱情结果延伸出来的婚姻，两者都是对异性伴侣最亲密的奉献，它表现在心灵上的心心相印、身体上的互相吸引和生儿育女的共同愿望之中。爱情与婚姻都是两个人合作的结果，这种合作不仅是为了两个人的幸福，更是为了全人类的利益。"

可能这个定义并不完整，爱情与婚姻是人类为了利益而相互合作的手段。我经常说：由于人类自身体能的限制，无法永久地在贫瘠的地球上生存下去。能保证人类生生不息的最主要方法，就是利用我们对异性肉体相互吸引力的追求，来繁衍人类的后代。

当今时代，爱情和婚姻问题会遭遇各种各样的困难和纠纷。已婚夫妇面临困难时，他们的父母经常会过分关心他们，最后导致几乎整个社会都卷入他们的家事当中。因此，如果要为爱情和婚姻问题找到一种正确的打开方式，就必须彻底摒弃偏见，客观公正地展开研究。我们必须忘记从前的理论，尽力不让其他想法干扰这项本应独立的研究工作。

我并不是说要把爱情和婚姻问题当作完全孤立的问题来研究。人永远不能只靠想象力解决自己的问题。每个人都被几个固定的纽带束缚在一个固定的框架中发展，然后必须根据这个框架做出某种决定。首先，我们生活在宇宙的一个特定部分——地球上，必须在地球环境的限制下发展。其次，我们生活在自己的同类——人群中，所以我们必须学会适应人群。最后，人类有且只有两种不同的性别，种族的延续繁衍完全取决于这种关系。

不难理解，如果一个人关心他的伙伴和人类的幸福，那他一定会考虑伙伴和其他人的利益。他用来解决爱情和婚姻问题的方式也不会伤害别人。在使用这种方式解决问题的时候，他可能并没有"必须不能伤害别人"这种想法，可能连他自己都不清楚为何选择这种方式。但在面临实际考验时，他能够发自内心地、条件反射般地追求人类的幸福和进步。

有许多人并不关心人类的幸福。他们从不问："我能为我的同伴做些什么？"或"我需要做些什么才能成为一个好的团队成员？"他们只是喋喋不休地发问："活着有什么用？这对我有什么好处？我究竟要付出多少代价？还有人为我着想吗？人们都尊敬我吗？"如果一个人在处理生活问题时总是持这种态度，他也会用同样的态度来解决爱情和婚姻问题。"这婚姻对我有什么好处？"他会不停地这样问。

爱情不像一些心理学家想象的那样是一种纯粹的自然关系。没错，性是一种驱动力、一种本能，但爱情和婚姻不仅仅是为了满足性需求。无论从哪个角度都可以发现，我们的性本能已经过了数个发展阶段，变得优雅而高贵。不仅仅是性欲，人类已学会抑制很多欲望。比如说，我们学会了忍让，从同龄人的行为模式中，我们知道怎么做不至于激怒他们；我们还学会了如何穿衣、如何打扮自己；即使在饥饿的状态下，我们也不会仅为了一口吃的而低头折节；我们拥有高雅的品位，就算很饿的时候，也要考虑各种餐桌上的礼仪。我们的行为正逐渐适应人类的共同文化。这表明了一件事：我们学会了为人类的福祉和社会的进步而压抑自己的欲望。

如果把这种认识应用到爱情和婚姻的问题上，我们就会发现它不可避免地要涉及公众的利益和人类的利益等方面。对待爱情和婚姻的兴趣是人类最基本的兴趣。只有考虑到整个人类的利益，爱情和婚姻问题才能得到圆满解决。在认清这个事实之前，任何关于爱情与婚姻的讨论，都有可能走上歧途。也许我们应该改进婚姻制度，也许我们可能会得到关于爱情和婚姻的更完美的解决方案。如果我们能够找到更完美的答案，这个答案应该会更全面地涵盖以下问题：我们生活在地球表面；我们必须与他人合作；人类有且只有男女两种性别。只有全面地考虑这些情况，我们找到的答案才能成为永恒的真理。

刚开始研究这个课题时，我的第一个发现是：爱情和婚姻的经营需要两个人一起努力协作。对很多人来说，这是一份全新的挑战。结婚以前，人们或多或少都学会了独立工作，或多或少都学会了如何与一群同事一起工作，却很少有两个人组成家庭一起生活的经验。因此，这些新情况造成了些许合作上的困难。如果结婚以前，两个人对彼此相当感兴趣的话，这种困难就比较容易解决，因为这样他们只要稍加磨合就能与彼此合作。

可以这样说，想要完全解决两人的合作问题，夫妻双方都必须做这些事：关心对方要多于关心自己，这是爱情和婚姻成功的唯一基础。由此我们能够看出许多关于婚姻制度的改革计划犯了什么错误。如果每一个人对他或她的配偶比对自己更感兴趣，就能实现真正平等的婚姻。如果他们每个人都发自内心真诚地奉献，就不会感到屈从或压抑。只有当男人和女人都持这种态度时，婚姻才会真正的平等。夫妻双方都应努力让对方感到舒适和满足，这样，他们的婚姻才能有安全感，夫妻双方才能有受重视和被需要的感觉。说到这里，我们终于知道婚姻的基本保障因素以及婚姻关系中幸福的基本定义是什么了，那就是平等感和安全感。这种感觉使一个人觉得人生很有价值，没有人能取代他在配偶心中的地位。他的配偶需要他，认定他的所作所为很有价值，认为他是一位优秀的伴侣和一个真正的朋友。

在合作关系中，任何一个人的配偶不可能接受他或她是从属地位的安排。如果婚姻中的任何一方想支配另一方或强迫另一方臣服于他，那么两个人就无法幸福地生活在一起。在这种情况下，有很多男人（实际上也有很多女人）认为自己应该是家庭的领导者或者主宰者，希望能够在家中说一不二，独断专行。这也是现代社会有这么多不幸福婚姻的重要原因。没有人可以心平气和地接受低人一等的地位。家庭配偶的双方地位必须是平等的，只有这样，夫妻二人才能共同找到克服困难的方法。例如，在平等的条件下，他们可以在孕育孩子方面达成共识。他们知道，当做出生或者不生孩子的决定时，他们已经做了一件影响人类未来的事情。他们也可能会就孩子的教育问题达成一致。当他们面临婚姻问题时，他们会尽快解决掉。因为他们知道，不幸福的婚姻会使孩子的精神受到伤害，会影响到孩子将来的发展。

受现代文化的影响，人们在结婚时通常还没有学会夫妻合作之道。如今我们的教育太急功近利，过于强调从生活中索取，而忽视应该"对生活作出贡献"这点。两个人生活在紧密的婚姻关系中，任何不合作、不关心对方的行为都会导致婚姻不幸。许多人都是第一次体验这种极度紧密的关系，往往还没习惯设身处地地考虑配偶的兴趣、目标、抱负和愿望，有些人甚至没准备好与配偶一起生活。这些情况很常见，不用感到惊讶。只要正视这些事实，努力学习如何避免在今后的婚姻生活中犯类似的错误就可以了。

如果没有这方面的训练，婚姻生活中的危机就很难得到有效的解决，因为我们总是按照自己的生活方式对婚姻做出反应。步入婚姻生活的准备工作不可能一蹴而就。在一个孩子的典型行为，比如说他的态度、思想和行为中，我们可以看出他是如何为了应对将来成家立业的目标而训练自己的。一个人对爱情和婚姻主要态度的轮廓，在其五六岁时就已经确定下来了。

在童年早期，孩子已经形成了自己对爱情和婚姻的独特看法。当然，这并不是说孩子已经有了朦胧的性观念，这只是他试图理解社会生活的一个重要方面，并决心成为其中的一部分。同时，爱情和婚姻是他生活环境的重要组成部分，自然要融入其对未来的设想中。孩子必须对爱情和婚姻有一定的理解，才能在这些问题上坚定自己的立场。

若孩子们在很小的时候就表现出对异性的兴趣，并选择与他们喜欢的小男孩或小女孩交往，我们也不能武断地认为这是错误、淫荡或早熟的行为，更不要把他们当作取笑的对象。应该把这种现象看作是孩子为将来恋爱和结婚所做的准备工作。不仅不该嘲笑这样的孩子，还应该同意、引导他们的观点，告诉他们爱情是世界上最美妙的事情，爱上配偶是孩子们应该为之做好准备的工作，是一份全人类都必须去从事的事业。只有这样，我们才能让孩子在心中形成理想的爱情观和婚姻观，使他们能够在以后的婚姻生活中具有良好的教养，并愿意为配偶奉献。将来，受过这样教育的孩子们会是一夫一妻制最坚定的拥护者，即使他们父母的婚姻并不美满，他们也不会因为这段经历留下心理阴影。

我从不鼓励父母过早地向他们的孩子灌输关于肉体和性的知识，或者告诉孩子太多他们还不能接受的性知识。孩子们对婚姻的看法非常重要，如果父母用错误的方式教育他们，他们就会认为婚姻是一种危险或超出他们能力范围的事情。根据我的经验，那些在五六岁时就开始学习性知识的孩子，以及那些性早熟的孩子，更容易在爱情或者婚姻方面受到伤害。肉体方面的吸引力对他们来说是一个危险的信号。如果一个孩子在身心都很成熟的情况下发生第一次性行为，就不会那么慌乱或者害怕，在男女关系中犯错误的可能性也会小得多。

帮助孩子解决性方面疑问的秘诀是：不要对他遮遮掩掩，不要对问题充耳不闻，要尽量去理解孩子所提问题背后的潜台词。当你向他解释这方面知识的时候，只需要解释他想知道的方面或者是我们确信他能理解、接受的方面。那些道听途说或者胡说八道的性知识对孩子来说伤害极大。恋爱问题与爱情、婚姻这两个问题一样，最好留给孩子们自己去解决。孩子们应该自己去摸索、学习他们想学的知识。如果孩子和父母之间互相信任，这方面就不会有任何麻烦，他会从父母口中了解到他想知道的一切知识。

人们经常有一种迷信的态度，总认为孩子会被他的坏朋友引入歧途。但我从未见过一个身心健康的孩子受到这样的蛊惑，其实孩子们并不像父母想象的那样容易偏听偏信。他们大多数人都会带着审视的眼光看待同学们向他灌输的信息。如果他们不能确定所听到的情报是否属实，就会向身边的人询问。当然，必须承认的一点是，在这些问题上，孩子们更喜欢问同龄人，而尽量避免向长辈们提问。

成人们津津乐道的肉体吸引力，也是从孩提时代开始启蒙的。孩子们获得的肉体吸引经验，来自他幼年时所处的环境。一个男孩从他的母亲、妹妹或周围的女孩那里获得了这些印象，成年后遇到一个外表对他有吸引力的女人时，就会重新唤醒这些印象。有些孩子也会受到艺术作品的影响，会被艺术的美感所驱动。从广义上讲，一个人在成年以后的生活中不再有自由选择审美观的权利，只能根据自己所受的训练选择心仪的异性。这种对肉体美的追求并非是一种毫无意义的追求，我们的审美情感始终是以健康的价值观和人类的进步为基础的。人类所有的功能、所有的能力，都是以这个为方向而形成的，所以我们不能逃避这种对肉体的欲望。人类所公认的美丽事物是永垂不朽的，是对人类利益和未来有益的事物，是我们希望孩子成长的方向，也是推动人类前进的原动力。

有时，如果一个男孩和他的母亲相处得不好，或者一个女孩和她的父亲的关系恶劣(通常情况下，这是因为父母婚姻中的合作关系不是很和谐)，他们会寻找与父母相反类型的伴侣。例如，如果一个男孩的母亲对每件事都吹毛求疵，就会导致孩子性格软弱，经常会担心自己在今后的婚姻里被欺负。这孩子可能会误以为只有那些看起来不那么强势的女性才对他有性吸引力。所以，他很容易在婚姻选择时犯错，只找愿意服从他的女人作为配偶。但这种不平等的婚姻是不会美满的。有时候，如果一个人想证明自己很强大，他会找一个看起来很强势的配偶。也许是因为他喜欢强大的伴侣，也许是因为觉得自己的另一半很强势对他来说更有挑战性，可以证明自己更加强大。如果一个男孩和他的母亲关系紧张的话，他对爱情和婚姻的准备工作可能会受到阻碍，甚至可能会降低异性肉体对他的吸引力。这种症状的程度或轻或重，最严重的情况下可能导致他完全排斥异性，甚至会导致性心理变态。

　　如果父母有一段和谐的婚姻，孩子就能更好地为爱情和婚姻做准备。孩子们对婚姻的早期印象来自父母的生活，所以生活中大多数婚姻失败者都来自童年时期婚姻破裂或不幸福的家庭。如果连父母都无法很好地合作，怎么奢望他们能教会孩子合作呢？当我们考虑一个人是否适合结婚时，通常会考虑他是否在一个正常的家庭中受过教育，也会观察他对父母、兄弟姐妹的态度。更重要的是看他从哪些方面为爱情和婚姻做准备。当然，我们知道一个人的人格不是由生活的环境决定的，而是由他对环境的看法决定的，所以他对婚姻和爱情的看法非常重要。当他和父母住在一起的时候，可能会经历一些非常不愉快的事情，但这也可能刺激他，使他决心在组织自己的家庭后努力让家庭生活更充实，他可能会更努力地为结婚做准备。我们不能因为一个人出身于不幸的家庭，就贸然判定他组成家庭是个错误的选择，并因此而拒绝他的求婚。

最糟糕的情况是，婚姻中的一方只关心自己的利益。如果他受过这样自私的训练，整天就会想：我可以从婚姻生活中得到什么乐趣呢？这种人总要求自由和解脱，从不考虑如何让他的配偶生活得更加轻松和满足，这是一种不幸的做法，我把它比作"饮鸩止渴"。这不是一种罪行，而是一种错误的生活方式。当我们为爱情与婚姻做准备时，不能只图自己舒服而逃避责任。如果掺杂了犹豫和怀疑的心理，爱情就不会稳固。合作需要坚定的决心，而真爱和幸福的婚姻需要更坚定的决心。这种决心不仅包括生儿育女，而且还包括用心教育孩子，训练他们的合作之道，并尽一切可能使他们成为社会的好公民，成为人类平等而负责任的成员。我们应该记住，美满的婚姻是教育后代的最好方式。婚姻也是一项工作，有着自己的规则和规矩。我们不能"一叶障目，不见泰山"，更不能违背这世上人际关系的永恒定律——合作。

如果我们仅在婚姻的前五年之内保持自己的责任感，或者把婚姻当作一种试验，夫妻之间就不可能存在真正亲密的爱和奉献的关系。如果男人和女人在结婚前就准备了撤退的后路，他们就不可能专注于婚姻这项任务。任何严肃而重要的活动都不应预先安排脱身之计，不能为自己创造一种"不再爱了"的借口，所有试图逃避婚姻的人都会走上失败的道路。这种自留后路的做法会伤害他们的配偶，使他们感到沮丧。除了失望，配偶们也会满足彼此的逃避欲望，而不是实现"白头到老"的承诺。

我知道，在我们的社会和婚姻生活中的确存在很多困难，妨碍了很多人找到合适的方法来解决爱情和婚姻的问题。然而，我们不能因为生活中的一些困难，就放弃爱情和婚姻这么美满和神圣的事情。众所周知，维系爱情和婚姻需要某些特质——真诚、忠诚、可靠、进取、无私……如果一个人生性多疑，和别人结婚是一件多么困难的事情啊！如果夫妻双方都只专注于维护个人利益，这段婚姻能够美满那才是怪事！在婚姻关系中，夫妻双方不再是自由的个体，也不能肆意妄为，必须接受合作之道的限制。

让我给大家举个例子来证明，如果婚姻中的一方独断专行，不仅会对婚姻不利，而且对婚姻双方都会造成巨大的伤害。

有一位离婚的男士和一位离婚的女士结婚了。他们都受过高等教育，也都希望第二次婚姻会比第一次圆满。然而，他们却都没有弄清楚第一段婚姻失败的原因，只想找到一种补救办法，也不明白他们婚姻失败的原因是他们二人都对这个社会缺乏兴趣。夫妻二人都标榜自己是自由主义者，想要一段不受约束的婚姻，以免彼此心生厌倦。因此，他们达成了一个协议，每个人都有完全的自由，双方可以做任何想做的事情。但夫妻双方应该互相信任，据实告诉对方他们在外面做了什么。在这方面，丈夫显得勇敢多了。他回家以后，把自己的许多风流韵事都告诉了妻子。妻子似乎很喜欢听这种事，似乎也为丈夫的风流倜傥感到骄傲。她一直想效仿丈夫，也想在外面建立自己的爱情关系。但在此之前，她对公共场所产生了恐惧感，不敢一个人出去，精神疾病迫使她不得不整天待在家里。这种恐惧症似乎是一种避免她把出去乱搞的决心付诸实践的挡箭牌，但实际意义远大于此。由于她不敢一个人出去，丈夫就只能和她待在家里。从中可以看到他们自由主义婚姻的逻辑是如何被打破的。和妻子待在一起，丈夫也就不再是一个思想自由的人。而妻子不敢一个人出去，所以她也不能享受自己的自由。如果这位女士想治愈她的心理疾病，首先必须对婚姻有一个更好的理解，她的丈夫也必须把婚姻看作是一种神圣的合作工作。

此外，有些错误甚至在婚姻开始之前就已经露出苗头了。从小就被宠坏的孩子由于无法适应社会生活的需要，结婚后常常感到被另一半忽视。当他结婚后，可能成为家庭生活中的暴君，使他的伴侣感到被虐待、被压迫，进而奋起反抗。当两个被宠坏的人结合为夫妻时，一定会发生很多让人悲伤的事情。两个人都要求对方照顾自己，关注自己，但这些要求很难全部得到满足。然后他们就开始相互拆台，夫妻中的某个人开始和别的人勾勾搭搭，希望得到配偶更多的关注。还有些人无法被一个爱人满足，他们必须同时爱上两个或两个以上的人。只有这样，他们才能感到自由，才能有安全感。即便被一个人抛弃了，自己也能随时逃到另一个爱人的身边，而不必为爱情或婚姻承担全部责任。但事实上，"脚踏两只船"的本质就是一无所有，因为他没有任何一个跟他完全一条心的爱人。

还有一些人在脑海中营造出一种浪漫的、理想的、但绝无可能在普通人身上找到的爱情模式。他们沉迷于幻想，拒绝在现实生活中寻找伴侣。过高的爱情标准导致他们拒绝爱上异性，总觉得没有人配得上他们。

许多人，尤其是女性，由于人格发展过程中的错误观念作祟，她们就会训练自己憎恨和拒绝自己的性别角色，这就干扰了自己最自然的身体功能。如果没有得到及时治疗，她们甚至无法成功地完成一段婚姻，这就是我所说的"男性崇拜"。在现代文化中，对男性地位的过高估计造成了这种情境。如果孩子怀疑他们的性别角色，就会感到焦躁或没有安全感。只要社会上还存在着"重男轻女"的思想，只要大家依然认为男性角色占据社会的主导地位，这种性别歧视的问题就会一直存在。在所有女性性冷淡和男性心理性勃起障碍的案例中，都怀疑有"男性崇拜"情节在作祟。这些观念都是对爱情和婚姻的抗拒心理，这并不是什么难以理解的事情。除非我们真正能够创造出一种男女平等的环境，否则这种失败是无法避免的。而且，如果一半的人类对自己的性别地位不满，婚姻就会遇到大麻烦。最明智的补救办法就是对孩子进行平等的培训，别让儿童对其未来的性别角色感到迷茫。

我相信避免婚前性行为是对爱情和婚姻中夫妻亲密关系的最好保证。大多数男人不希望他们的伴侣在婚前有性行为。有时他们把这种行为看成是一种不忠的举动，因此对此相当介意。此外，在目前的社会文化中，如果婚前有超越友谊的关系，女孩的心理压力就会更大。如果两个人结婚的前提不是勇气而是担忧的话，那结婚将是一个严重的错误。我们知道，勇气是合作之道的重要组成部分。如果一个男人或女人因为担忧或恐惧而不得不和他们的伴侣结婚，夫妻之间就不会有真正的合作。当他们与社会地位或受教育程度比自己低的人结婚时，也可能发生同样的情况。他们对爱情和婚姻有着深深的恐惧，并常常试图创造出一个配偶必须尊重他们的氛围。

友谊是培养和训练社会兴趣的途径之一。我们可以从友谊的培养过程中学习如何互相信任、如何理解他人的感受和心情。如果一个孩子一直处在别人的庇佑下，孤身一人没有任何同伴或朋友，他将永远不会拥有为别人着想的能力。因为他一直有着"唯我独尊"的念头，始终把个人利益放在第一位，他怎么可能会有朋友呢？

培养友谊也能为将来的婚姻生活做准备。如果让两个孩子一起玩耍、读书和学习，这种环境对他们将来的人生之路具有很大的意义。而且，我认为不应该低估舞蹈在合作之道中的价值，像舞蹈这样属于多人合作才能完成的活动，对孩子们来说是非常好的合作训练课。

一个人怎样处理职业问题也可以帮助我们了解他是否为婚姻生活做好了准备。当今社会中，事业问题必须在爱情和婚姻问题之前解决。

夫妻双方都要有自己的事业，这样才能养活自己和家庭。其实这很容易理解，婚姻的准备工作中就包含事业所打下的经济基础。

我们很容易从一个人接近异性时的表现，推断出他的个性及他与他人的合作程度。每个男人求偶时都有自己独特的方式、策略和气质，这些与他的生活方式息息相关。在这种求爱的氛围中，我们可以看出他是否对人类的未来怀有信心；他会选择与他人合作，还是仅仅对自己感兴趣？如果是前者，他们会热烈地追求爱人；如果是后者，他会畏缩不前，心想：我这样公开示爱会不会很丢脸？别人会怎么看我？在求爱的时候，有的男人谨小慎微、有的男人激情澎湃。但是，他们求爱的方式一定符合其生活方式，因为求爱只是他生活方式的一种体现。

当然，我们不能仅根据一个人在求爱期间的行为就断定他是否适合结婚。除非眼前有一个把握极大的目标，否则他完全可能变得优柔寡断和犹豫不决。不过，求爱方式依然是一个有点靠谱的个性标签。

在现代文化中，男性通常被认为应该在爱情中占据主动的地位，要抢先表达对女性的爱。因此，只要这种观念继续存在，我们就必须训练男孩要培养主动的态度，在爱情生活中不要犹豫，更不能退缩。然而，只有当他们知道自己是整个社会生活的一部分，并且与他们的切身利益相关时，男孩们才会接受这样的训练。当然，女性也有求爱的意愿，有些女孩也会采取主动的方式。但在现行文化中，大多数女性觉得她们需要更保守一点。她们对男性的崇拜反映在她们的姿势、穿着和说话方式上。可以这样说，男性对异性的接触是简单而肤浅的，而女性对异性的接触是深刻而复杂的。

现在我们可以更进一步来探讨一下婚姻。对配偶产生性吸引力，或感受到配偶的性吸引力是婚姻当中绝对必要的方面。但为了人类的幸福，性吸引力的作用不应被夸大。如果伴侣们真的对彼此感兴趣，就不会面临失去性吸引力的危险。如果夫妻双方对彼此丧失了性吸引力，就说明婚姻双方不再对他们的伴侣感兴趣，不再愿意与之合作，不再愿意满足他们伴侣的生活需求。有时，人们告诉我他们对伴侣的兴趣还在，但性吸引力已经消失。这绝对不是真相。我们的嘴可以口吐谎言，我们的头脑或许会偶尔糊涂，但我们的身体非常诚实。如果说夫妻间性生活有缺陷，那一定是两个人无法真正协调的缘故。他们彼此之间失去了兴趣，至少有一个人不愿意去解决爱情和婚姻的问题。

人类的性欲和其他动物的性欲有所不同：人类的性欲是连续的，这也是保证人类幸福和繁殖的另一种方式。经历过各种天灾人祸、兵荒马乱，人类却依然能够繁衍生息，也正是因为这个原因。而动物则用其他方法来保护他们物种的生存。例如，我们发现在许多动物中，雌性下了大量的蛋，即便其中有些没能长大，其他的蛋也能保证其种族继续繁衍。生育也是人类确保种族延续的一种方式。在爱情和婚姻的案例中，我们发现那些自发、主动关心人类利益的人都很期待孩子的诞生。那些有意识或无意识拒绝要孩子的成年人，多半是自己对孩子不感兴趣，拒绝生养孩子的负担。如果一个人总是期待索取和要求，而不愿意付出和给予，他们很难喜欢孩子，只会把孩子看作是一个麻烦、一种负担、一种会妨碍他们自己利益的累赘。因此，如果想要完美地解决爱情和婚姻问题，生养孩子的决心必不可少。婚姻是培育人类后代的最好方法，这是我们每个人都要铭记的事情。

在现实社会生活中，解决爱情和婚姻问题采用的是"一夫一妻制"。"一夫一妻制"需要真正的奉献精神和对配偶的真诚关注，真诚地开始这段关系的夫妇不会蓄意破坏婚姻的基础。然而我们也知道，这种关系并非没有破裂的可能，甚至可以这样说，婚姻永远无法避免破坏因素的侵袭。将爱情和婚姻当成一种社会工作来看待，是人们希望避免婚姻关系破裂的一种无奈之举。我们仍然需要想出各种各样的方法来找出婚姻问题的根源。

通常来说，婚姻关系破裂是因为某些配偶没有付出自己所有的努力，他们不想靠自己的努力来营造一段幸福的婚姻，只是等待奇迹的发生。如果以这种态度面对问题，将不可避免地面临失败。把爱情看作人间天堂是不对的，把婚姻看作爱情童话的结局更是错上加错。从两个人结婚的那一天起，他们的二人世界才真正开始。在婚姻中，他们将开始面对严峻的生活和事业的考验，也必须脚踏实地地为社会作出贡献。

现代社会还流行另一种观点，就是把婚姻视为一个终点。在许多小说中都可以找到这样的观点。结婚实际上是一对夫妇共同生活的起点，然而在小说中，他们只要结婚就预示着大结局，男女主角的一切困难都完美地解决了。还有一点必须指出，仅靠爱情来维系婚姻是不够的。解决婚姻问题的最好方法是彼此合作、建立兴趣和互相体谅。

每个人对待婚姻的态度都是他生活方式的一种表现。如果我们能理解他的性格，就能预测他的婚姻状况。有很多人想从婚姻中寻求解脱或直接选择逃避婚姻，这些人都是从小就被宠坏的孩子。当世界压抑了他们的欲望和情感时，他们就会表现出一种刻骨的仇恨。他们中的一些人仍然相信，如果哭得足够大声、如果抗议得足够强烈、如果拒绝与别人合作，就可以得到任何他们想要的东西。他们不想放弃自己错误的优越感目标，最后变得贪得无厌。

因此，他们对婚姻也抱着涉猎和游戏的态度。他们希望他们的婚姻是试婚性质的，是不需要负责任的，甚至希望可以"说散就散"。在结婚之前，他们会提前要求自由和对配偶不忠的权利。这说明他们对配偶不感兴趣。如果一个人真正对配偶感兴趣，就会表现出以下特点：他会是一个真诚的伙伴；他会勇于负责任；他会尽力使自己看起来更好。那些从未在爱情和婚姻生活中成功过的人，不会知道自己在生活中犯了什么样的错误。

对于夫妻双方的父母来说，关心孩子们的婚姻幸福虽然是必要的，但也不能强力干涉。如果婚姻不是建立在他们认可的立场上，那么组成家庭的夫妻就会面临很大的困难。如果双方的父母经常争吵，争相介入子女的婚姻，那这段婚姻就岌岌可危。

也许人们有很多理由不能继续一段婚姻生活；也许在某些情况下，分开对他们来说是最好的选择，但谁才有资格做出这样的决定呢？我们能把这个决定权交给那些自己没有受过教育、不明白婚姻是一份事业、只关心自己利益的人吗？他们对离婚的看法和对结婚的看法是一样的："离婚有什么好处？"显然，他们不是做决定的合适人选。我们经常会看到许多人结婚和离婚，再结婚再离婚，而且一次又一次地重复同样的错误。

那么到底应该由谁来决定呢？我们可以想象，当婚姻出现问题时，精神科医生应该可以判断这段关系是否已经到了无可挽回的地步，这在我们国家很难操作。我不知道美国的情况怎样，但在欧洲，我发现大多数精神病学家认为个人利益才是最重要的。因此，当有人就这种情况向他们征求意见时，他们居然会建议对方去外面找个情人，认为这样就能解决问题。我敢打赌，不用多久他们就会改变主意，只字不提这种馊主意了。他们这样建议，是因为他们没有看到问题的全面性以及婚姻和世界上其他关系之间的密切联系，这种联系是我一直希望引起人们特别注意的。

当人们把婚姻视为个人问题，进而寻求解决方案的时候，他们就会犯类似的错误。我不知道美国的情形，但在欧洲，当一个男孩或女孩表现出精神病症状时，精神科医生往往会建议他们找个情人或寻求一段性生活。对于情绪低落的成年人，他们也会给出同样的建议。这其实是把爱情和婚姻当作包治百病的灵丹妙药，其结果只会使患者更加困惑不解，或者更加无所适从。

只有正确地解决爱情和婚姻问题，才能塑造最完美的整体人格。没有任何关系能比爱和婚姻包含更多的快乐。我们不能把这看作是一件小事，也不应该把它当作是治疗罪犯、酗酒者或精神病患者的灵药。精神病患者必须在接受正规的治疗后，才适合去寻找爱情和婚姻。如果患者没能掌握适当的技巧去应对这些，最好不要鲁莽行事，否则就会遇到新的危险和不幸。婚姻是一个崇高的理想，要正确地处理婚姻关系，必须付出很多的努力和创造性的活动，身心不健康的人很难承受这样的负担。

婚姻经常会被人拿来做生活的挡箭牌。有些人结婚是为了获得经济上的保障，有些人是为了怜悯别人，还有一些人只是为了寻找一个免费的仆从。这种类似玩笑的态度绝不允许出现在婚姻中。我还了解到有些人结婚是在为他们的失败找借口。例如，当一个年轻人在考试或事业上发生困难时经常自怨自艾。如果真的失败了，他希望把失败的婚姻当作自己的挡箭牌。结果，他通过婚姻为自己惹了很多麻烦，从而找到了失败的借口。

我们不应该低估这个问题，相反，应该把它放在一个重要的位置上。在我听说的所有婚姻破裂的案例中，受到实际伤害的基本是女性。

毫无疑问，在我们的文化中，男性不怎么受到拘束，这是一个巨大的错误。而且，这个错误无法通过个人的抵抗去纠正。尤其是在婚姻中，个人叛逆会扰乱社会关系，也会侵害伴侣的利益。克服它的唯一方法是我们要认识到我们文化的整体态度有缺陷，然后慢慢地去改变它。我的学生，底特律的罗席教授（Professor Rasey）曾经做过一项调查，发现42%的女孩想成为男人，这是她们对自己的性别不满意的表现。当普通人对自己的处境感到沮丧和不满、反对伴侣享有更大的自由时，爱情和婚姻的问题可以轻易解决吗？当女人被视为男人的玩物，当男人的不忠被视为理所当然时，爱情和婚姻的问题可以轻易解决吗？

　　从上述这些看法中，我们可以得出一个简单而有用的结论：人类并非天生就应该实行一夫多妻制或一夫一妻制。这只是因为，我们生活的地球上有且只有两种性别。我们必须采取有效的方法来处理生活中的三大问题。从目前的环境来看，只有一夫一妻制才能使人类在爱情和婚姻问题中到最完善的发展。